Detection of Staphylococcus aure

Rajeh Ali

Detection of Staphylococcus aureus and Acinetobacter baumannii

Noor Publishing

Imprint

Any brand names and product names mentioned in this book are subject to trademark, brand or patent protection and are trademarks or registered trademarks of their respective holders. The use of brand names, product names, common names, trade names, product descriptions etc. even without a particular marking in this work is in no way to be construed to mean that such names may be regarded as unrestricted in respect of trademark and brand protection legislation and could thus be used by anyone.

Cover image: www.ingimage.com

Publisher:
Noor Publishing
is a trademark of
International Book Market Service Ltd., member of OmniScriptum Publishing Group
17 Meldrum Street, Beau Bassin 71504, Mauritius

Printed at: see last page
ISBN: 978-3-330-84360-8

Zugl. / Approved by: 2014، رسالة ماجستير ،جامعة دمشق

التحري عن المكورات العنقودية الذهبية *Staphylococcus aureus* والراكدة
البومانية *Acinetobacter baumannii* في بعض العينات الطبية باستعمال
التقانات الجزيئية ودراسة تحسسها للصادات الحيوية

راجح محمد حسان علي

الإهداء

إلى أمي التي فارقتني جسداً وترافقني روحاً

إلى أبي الذي فارقني قبل الفراق

إلى أخواتي ينابيع الحنان و درر الزمان

إلى إخوتي مشاعل النور في درب حياتي

إلى كل عزيز وغال علي في هذه الدنيا

راجح

كلمة الشكر

بدايةً أتوجه بالشكر الكبير لأساتذتي المشرفين، المربي الفاضل الدكتور كمال الأشقر الذي كان لي موجهاً ومرشداً وناصحاً في مراحل البحث المتعاقبة فله مني جزيل الشكر وعظيم الامتنان، والشكر اللامتناهي، شكر لاتعبر عنه الكلمات ولاتدركه المعاني لمن كان لي نعم الأب والأخ والصديق الدكتور أيمن المريري صاحب القلب الكبير والصدر الرحب الذي كان معي دوماً متابعاً و متحرياً خطوة بخطوة لكل مرحلة من مراحل البحث فترك أثراً علمياً دقيقاً (وأقول عنه جميلاً) في ثنايا هذا العمل وصفحاته أوجه له الشكر من القلب، كما أتوجه بالشكر هنا للدكتورة إبتسام حمد التي كانت مشرفة على البحث في مراحله الأولى.

وأتقدم بالشكر إلى السادة أعضاء لجنة الحكم الأستاذ الدكتور عدنان علي نظام والدكتور مازن صافي لتكرمهم بقبول تحكيم هذه الرسالة ووضع ملاحظاتهم الهادفة إلى تقويم العمل وسبره ليكون لبنة صالحة في درب البحث العلمي.

وأتوجه بالشكر إلى رئاسة جامعة دمشق ممثلة بالسيد رئيس الجامعة وعمادة كلية العلوم ممثلة بالسيد عميد الكلية الدكتور عزات قاسم ونائب العميد للشؤون العلمية الدكتور سهيل نادر ونائب العميد للشؤون الادارية الدكتور سامح حمو وإلى رئيسة الدائرة السيده سوسن عيسى وأشكر رئاسة قسم علم الحياة النباتية ممثلة بالسيد رئيس القسم الدكتور كمال الأشقر والدكتور محمد سليمان وجميع السادة الأساتذة في القسم.

والشكر والامتنان لهيئة الطاقة الذرية السورية ممثلة بالسيد المدير العام الدكتور إبراهيم عثمان ورئيس قسم التقانات الحيوية والبيولوجيا الجزيئية الدكتور نزار مير علي وجميع السادة الباحثين وإلى كل من مد لي يد العون أخص بالذكر الدكتور مازن صافي والدكتور بسام البلعة.

كما أشكر السادة المدراء العامين في مستشفيات دمشق والتوليد والمواساة والأطفال الجامعي وجميع السيدات والسادة العاملين في المختبرات الجرثومية هناك أشكرهم جزيلاً على التعاون وتسهيل مهمتي.

أتوجه بالشكر الجزيل المملوء بالذكريات الجميلة لزملائي وزميلاتي في قسم علم الحياة النباتية أشكرهم جميعاً، كما أتوجه بالشكر وعظيم العرفان بالجميل للسيدات والسادة في دائرة الميكروبيولوجيا والمناعيات أشكرهم جزيل الشكر كلاً باسمه وصفته.

أتقدم بالشكر والولاء وعظيم الوفاء والانتماء للغالية على قلبي ابداً ماحييت بلدي اليمن وهنا أشكر الجهة المانحة وزراة التعليم العالي والبحث العلمي ممثلة بالسيد الوزير وجميع السيدات والسادة في قطاعات الوزارة، كما أشكر سفارة بلدي في دمشق ممثلة بالقائم بالأعمال الأستاذ محمد الشعوبي والقنصل الأستاذ عبدالله المفلحي والشكر موصول للملحقية الثقافية ممثلة بالدكتور عبدالكريم داعر والمستشار المالي الأستاذ محمد شاهر.

وأشكر بلداً أخترته لدراستي فكان الوطن الذي منحني ثقافة قومية عربية أصلية أتوجه بالشكر إلى الأبجدية الأولى مصنع الرجال سورية الحبيبة التي تحطمت على أسوارها أحلام الغزاة والشكر هنا لمن هم أهله الذين نذروا أرواحهم في سبيل الذود عن حمى هذا البلد رجال الجيش العربي السوري.

وأختم بشكري زملائي من أبناء بلدي الدارسين في الجامعات السورية وأشكر جميع الحضور والسلام عليكم.

المحتويات

قائمة الجداول

قائمة الأشكال

الملخص

تعد الجراثيم السالبة والموجبة بصبغة غرام من العوامل الممرضة الرئيسة في المستشفيات، وتظهر مقاومة متزايدة تجاه العديد من زمر الصادات الحيوية، وأجريت هذه الدراسة بهدف التحري عن وجود المكورات العنقودية الذهبية *Staphylococcus aureus* والراكدة البومانية *Acinetobacter baumannii* من خلال عزلهما من عينات سريرية مختلفة. حيث جُمعت 175 عينة سريرية من أربعة مستشفيات في مدينة دمشق (دمشق، التوليد، المواساة، الأطفال الجامعي) للتحري عن المكورات العنقودية الذهبية و105 عينة سريرية من مستشفى الأطفال الجامعي للتحري عن الراكدة البومانية، زرعت العينات على أوساط تنمية عامة ثم على أوساط انتقائية، وأجريت مجموعة من الاختبارات الحيوية الكيميائية، وتم التنميط الجزيئي بوساطة التفاعل السلسلي للبوليميراز (PCR) من خلال التحري عن مورثات نوعية وتضخيمها، ومن ثم دراسة الحساسية تجاه مجموعة من زمر الصادات الحيوية. وأظهرت النتائج أن 90 عزلة كانت إيجابية عند زرعها على الأوساط الانتقائية للمكورات العنقودية الذهبية، وتوزعت هذه العزلات بواقع 23 عزلة من مستشفى دمشق، 9 عزلات من مستشفى التوليد، 33 عزلة من مستشفى المواساة و 25 عزلة من مستشفى الأطفال الجامعي. وكانت عزلات المكورات العنقودية الذهبية مخمرة لسكر المانيتول، موجبة الكاتالاز، سالبة الأوكسيداز، وموجبة لاختبار المختراز، وأظهرت النتائج الجزيئية أن المنطقة الوراثية 16S rRNA مميزة للجنس وتأخذ الطول (479 bp)، والمورثة *gap* أيضاً مميزة للجنس وتأخذ الطول (933 bp)، أما المورثة *nuc* فكانت مميزة للنوع وتأخذ الطول (270 bp). وأبدت المكورات العنقودية الذهبية مقاومة متوسطة إلى عالية للعديد من الصادات الحيوية مثل: 100% للبنسيلين ف، 97.8% للكلورامفينكول و 53.3% للتتراسيكلين، وأظهرت حساسية تجاه بعض الصادات الحيوية الأخرى مثل: 94.5% للإيميبينيم، 85.5% للريفامبيسين و 81.1% للفانكومايسين. بينما أظهرت نتائج التحري عن الراكدة البومانية أن 60 عزلة كانت إيجابية عند زرعها على الأوساط الانتقائية لهذه الجراثيم، وكانت العزلات غير مخمرة لمعظم السكاكر، موجبة الكاتالاز، سالبة الأوكسيداز، ونمت بالدرجة 44°م. وتوصلت النتائج الجزيئية للراكدة البومانية إلى أن المنطقة 16S rRNA مميزة للجنس وتأخذ الطول (280 bp) بينما المورثة $bla_{OXA\text{-}51\text{-}like}$ مميزة للنوع وتأخذ الطول (350 bp). وأبدت الراكدة البومانية مقاومة عالية تجاه معظم الصادات الحيوية، حيث كانت نسبة المقاومة 100% لكل من البنسيلين ف، السيفازولين والكلورامفينيكول. وأظهرت حساسية منخفضة تجاه بعض الصادات الحيوية الأخرى مثل: 25%

للريفامبيسين و 27.7% للإيميبينيم. وعليه فإن استعمال الطرائق الجزيئية في تنميط الأنواع الجرثومية يُعد المعيار الأمثل مقارنة بالطرائق التقليدية التي تعد اللبنة الأولى في سلم التصنيف. كما أن المقاومة العالية للصادات الحيوية من قبل الجراثيم تمثل معضلة حقيقية، يجب تداركها من خلال إعطاء الصاد الحيوي المناسب بناءً على تشخيص دقيق وتجنب استعمال الصادات الحيوية واسعة الطيف.

الفصل الأول
المقدمة والدراسة المرجعية

المقدمة Introduction

تعد الجراثيم من العوامل الممرضة الرئيسة في التجمعات السكنية والمستشفيات على حد سواء، حيث تسبب العديد من الإصابات، كما تسبب الجراثيم الانتهازية Opportunities عادةً الأمراض عند الأشخاص المضعفين مناعياً، وتظهر الجراثيم السالبة والموجبة بصبغة غرام مقاومة تجاه الكثير من الصادات الحيوية فهي بذلك تعد مشكلة حقيقية على الصحة العامة والسكان (Collier and Davenport, 2014).

وتشير التقارير العلمية إلى أن جراثيم المكورات العنقودية الذهبية لا سيما المقاومة للميتسيللين Methicillin-Resistance *Staphylococcus aureus* (MRSA) تسجل تواتراً عالياً كعوامل ممرضة Pathogens يتم عزلها باستمرار من العينات السريرية Clinical Samples، وتظهر مقاومة عالية تجاه العديد من الصادات الحيوية (Yoon *et al.*, 2014).

تمتلك المكورات العنقودية الذهبية العديد من عوامل الفوعة Virulence Factors كالذيفان المعوي وذيفان متلازمة الصدمة السمية وغيرهما، مما يمكنها من إحداث إصابات متعددة، كما تفرز إنزيم المختراز الذي يحول دون بلعمتها من قبل خلايا الجهاز المناعي، وإنزيمات البيتالاكتاماز التي تثبط عمل الكثير من الصادات الحيوية لا سيما البيتالاكتامات (Ebrahimi *et al.*, 2014).

تسبب الجراثيم السالبة بصبغة غرام العديد من الإنتانات، ويظهر الكثير منها كجراثيم انتهازية، وفي العقدين الأخيرين عزلت جراثيم الراكدة البومانية من العينات السريرية المأخوذه من الأقسام المختلفة في المستشفيات، بما فيها وحدات العناية المشددة Intensive Care Units (ICUs) (Liu *et al.*, 2014).

وتجدر الإشارة إلى ارتباط ظهور وعزل جراثيم الراكدة البومانية بالنزاعات المسلحة، حيث عزلت هذه الجراثيم من الجنود والمدنيين خلال فترات الغزو الأمريكي المتعاقبة سواءً خلال حرب فيتنام أو أفغانستان أو العراق، وتبدي هذه الجراثيم مقاومة متزايدة تجاه معظم الصادات الحيوية، ويرتبط ذلك بامتلاكها مورثات ترمز لإنزيمات تثبط عمل هذه الصادات (Eveillard *et al.*, 2013).

تتبع الطرائق التقليدية عادةً عند عزل الجراثيم مثل زراعتها على بعض الأوساط الانتقائية، وإجراء الاختبارات الحيوية الكيميائية المميزة لها، إلا أنه في السنوات الأخيرة أصبح يعتمد أكثر على الطرائق الجزيئية عند التحري عن الأنواع الجرثومية كون هذه الطرائق أكثر نوعية وحساسية، حيث يعزل الدنا

(DNA) بدايةً، ليتم بعد ذلك استهداف مورثة بعينها أو منطقة وراثية من خلال مرئسات نوعية Specific Primers تكون موافقة للتسلسل النكليوتيدي للدنا الهدف (Lu *et al*., 2013).

في هذه الدراسة تم عزل المكورات العنقودية الذهبية والراكدة البومانية من عينات سريرية مختلفة (بول، دم، مفرزات قصبية، خراجات جلدية، مسحات بلعوم) أُخذت من أربعة مستشفيات في مدينة دمشق (دمشق، التوليد، المواساة، الأطفال الجامعي). حيث عزلت 90 عزلة مكورات عنقودية ذهبية من 175 عينة سريرية، و60 عزلة راكدة بومانية من 105 عينة سريرية خلال الفترة الممتدة بين تشرين الثاني 2012 وتموز 2013.

بعد جمع العزلات الجرثومية تم إكثارها ثم نقلت المستعمرات النقية إلى أوساط صلبة ليتم تعرُّف الخصائص الشكلية والزرعية، أجريت بعد ذلك الاختبارات الحيوية الكيميائية المميزة لكل نوع جرثومي على حدة، وتعد هذه الخطوة اللبنة الأولى في تصنيف الجراثيم.

أخذت العزلات الجرثومية، بعد تصنيفها بدايةً بالطرائق التقليدية، ليصار إلى عزل الدنا (DNA) بهدف الكشف عنها جزيئياً بوساطة بعض التقانات الحيوية كالتفاعل السلسلي للبوليميراز Polymerase Chain Reaction (PCR) والرحلان الكهربائي Electrophoresis، حيث صممت مرئسات نوعية في مختبرات هيئة الطاقة الذرية السورية، وحددت مورثات مميزة للجنس والنوع ليتم تضخيمها Amplification بهدف تعرُّف هويتها.

وفي المرحلة الأخيرة، درست حساسية الأنواع الجرثومية المدروسة تجاه مجموعة من الصادات الحيوية، بطريقة الانتشار القرصي Disc Diffusion Method التي تعتمد على قياس قطر هالة التثبيط Inhibition Zone وطريقة التمديد Dilution Method التي تعتمد على قياس التركيز المثبط الأدنى Minimum Inhibition Concentration (MIC) للحكم على فعالية الصادات الحيوية.

أهمية البحث وأهدافه Research Importance and Aims

أهمية البحث:

1. اعتمدت هذه الدراسة الطرائق الجزيئية في التحري عن المكورات العنقودية الذهبية، وهي الأولى في تحديد هوية الراكدة البومانية جزيئياً، وتسجل المكورات العنقودية الذهبية والراكدة البومانية تواتراً عالياً بين الأنواع الجرثومية المعزولة من العينات السريرية المأخوذة من المستشفيات.

2. ترتبط المكورات العنقودية الذهبية مع العديد من إنتانات الجلد، العظام، الرئتين وغيرها، كما أن الراكدة البومانية تمثل عاملاً ممرضاً انتهازياً في المستشفيات، وتسبب العديد من الأمراض.

3. إن الإنتانات المكتسبة من المستشفيات والمصحوبة بالاستعمال الواسع للصادات الحيوية واسعة الطيف تدفع إلى تحديد النوع الجرثومي بدقة واستعمال الصاد الحيوي المناسب.

أهداف البحث:

1. عزل المكورات العنقودية الذهبية *S. aureus* والراكدة البومانية *A. baumannii* من العينات السريرية المختلفة المأخوذة من أربعة مستشفيات في مدينة دمشق (دمشق، التوليد، المواساة، الأطفال الجامعي).

2. استعمال التقانات الجزيئية في تنميط هذه الجراثيم ومقارنتها بالطرائق التقليدية للتشخيص.

3. دراسة حساسية هذه الجراثيم تجاه مجموعة واسعة من الصادات الحيوية.

الدراسة المرجعية Referential Study

الجراثيم Bacteria:

يقدر عمر الارض بنحو 4.5 مليار سنة، والجراثيم هي أول الكائنات الحية ظهوراً على هذا الكوكب، وتعد الخلايا الجرثومية المجهرية أقدم الحفريات المعروفة ويقدر عمرها بنحو 3.5 مليار سنة، وقد اكتشفت في كل من غربي آسيا وشمالي أفريقيا (Javaux et al., 2010)، وتعيش الجراثيم في جميع البيئات حتى المتطرفة منها، حيث وجدت أنواع جرثومية في المياه البركانية ذات الحرارة العالية كما سُجلت أنواع أخرى في المناطق القطبية المتجمدة. وهي موجودة على الأسطح المختلفة في المنازل والمستشفيات ووسائل النقل، كما تشكل جزءاً من فلورا الجهاز الهضمي عند الإنسان والحيوان (Hilleman, 2009).

وفي الطبيعة تعمل الجراثيم مع المفككات الأخرى على إعادة تدوير المادة العضوية، وتقوم بعض الأنواع الجرثومية بتثبيت النيتروجين الجوي، ولها تطبيقات عدة في المجالات المختلفة الطبية والصناعية والزراعية. ويقدر عدد الأنواع الجرثومية التي تم اكتشافها وتصنيفها بنحو 3,000 نوع، فيما يرى علماء البيولوجيا أن العدد الفعلي للأنواع يزيد على 300,000 نوع (Freeman-Cook, 2010).

الجراثيم كعوامل ممرضة للإنسان Bacteria as Human Pathogens:

شكّلت الجراثيم على مر التاريخ أحد أهم العوامل الممرضة، فقد تسبب عامل مرض الطاعون Yersinia pestis بموت نحو ربع سكان أوروبا في منتصف القرن الرابع عشر الميلادي، وتعد العوامل الممرضة ومنها الجراثيم مسؤولة عن 25% من حالات الوفاة في العالم، وتصل هذه النسبة إلى 50% في البلدان النامية. وسجلت العوامل الممرضة المركز الرابع بين مسببات الوفاة في الولايات المتحدة الأمريكية عام 2000 (Freeman-Cook, 2010).

يرتبط انتشار الأوبئة والأمراض في مناطق معينة بمجموعة من العوامل المهمة منها البيئية والثقافية، وتشير التقارير إلى إمكان استفادة الأبحاث المستقبلية القائمة على مدى ارتباط بعض الأمراض مع بعض الثقافات المجتمعية من المؤشرات الرقمية لمدى انتشار بعض الأمراض المعدية التي كانت سائدة ضمن مناطق محددة جغرافياً (Murray and Schaller, 2010)، وتعد المكورات العنقودية من أكثر العوامل الممرضة انتشاراً في المستشفيات لا سيما المكورات العنقودية الذهبية، وتمثل الجراثيم السالبة

بصبغة غرام معدلات أعلى بين الجراثيم المعزولة من العينات السريرية، وتأتي في مقدمتها الراكدة البومانية (Yadegarynia *et al.*, 2014).

1. المكورات العنقودية *Staphylococcus*:

المكورات العنقودية جراثيم غير متحركة non-motile، موجبة بصبغة غرام وتأخذ شكل العناقيد Clusters غالبًا، توجد بشكل طبيعي على الجلد وأغشية الأنف عند الإنسان، ومعظم أنواعها جراثيم غير ممرضة، إلا أن هناك بعض الأنواع الممرضة مثل المكورات العنقودية الذهبية (Amold, 2009; Gotz *et al.*, 2006).

1-1- تصنيف المكورات العنقودية Classification of *Staphylococcus*:

أطلق العالم روزينباخ Rhozenbach على هذه الجراثيم تسمية المكورات العنقودية في عام 1884 وهو أول من حصل عليها بشكل مستعمرات نقية Pure Culture (Vilhelmsson, 2000)، وهي تنتمي إلى فصيلة Staphylococcaceae، وبالاعتماد على التسلسل النكليوتيدي للمنطقة الوراثية 16S rRNA region صُنفت المكورات العنقودية ضمن شعبة Firmicutes التي تضم جراثيم موجبة بصبغة غرام مع دنا يحتوي على نسبة منخفضة من الأساسين الآزوتيين الغوانين (G) والسيتوزين (C). وحتى أوائل عام 1970 كان يصنف ضمن جنس المكورات العنقودية ثلاثة أنواع فقط، نوع موجب لاختبار المخثراز Coagulase-Positive يعرف بالمكورات العنقودية الذهبية ونوعين سالبين لاختبار المخثراز Coagulase-Negative، هما المكورات العنقودية الجلدية *S.epidermides* والمكورات العنقودية الرمية *S.saprophyticus*. ومع استمرار البحوث أمكن التوصل إلى معرفة نحو 36 نوعاً Species من المكورات العنقودية (الشكل 1) (Dubois *et al.*, 2010).

ويعد اعتماد الطرائق الجزيئية Molecular Methods في التحري عن الأنواع الجرثومية أكثر حساسية ونوعية مقارنة بالطرائق التقليدية، حيث أمكن التعرف على 7 أنواع إضافية تنتمي إلى المكورات العنقودية من خلال التحري عن المورثة *gap* بوساطة التفاعل السلسلي للبوليميراز (PCR) وترمز المورثة *gap* عند المكورات العنقودية لإنزيم جداري يعرف بالغليسير الدهيد- فوسفات- ديهيدروجيناز (Glyceraldehyd-Phosphate-dehydrogenase) (Sheraba *et al.*, 2010).

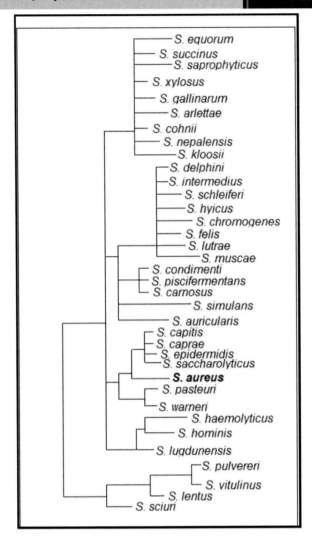

الشكل 1: الأنواع المنتمية إلى جنس المكورات العنقودية *Staphylococcus*
(Dubois *et al*., 2010)

1-2- المكورات العنقودية الذهبية *Staphylococcus aureus*:

المكورات العنقودية الذهبية جراثيم موجبة بصبغة غرام، ذات شكل مكور (الشكل 2)، غير متحركة، موجبة الكاتلاز Catalase-Positive، سالبة الأوكسيداز Oxidase-Negative، يصل قطر الخلية إلى نحو 1 ميكرومتر، وسميت بالذهبية من الكلمة اللاتينية aureus حيث تأخذ مستعمراتها اللون الأصفر أو الذهبي (golden) على الأوساط الزرعية Culture Media (Larkin *et al.*, 2010)، والمكورات العنقودية الذهبية هي العامل الممرض الأكثر شيوعاً في الولايات المتحدة وكندا وأوروبا وأمريكا اللاتينية المسبب لانتانات الجلد، وإصابات الجهاز التنفسي وتجرثم الدم (DeLeo *et al.*, 2009).

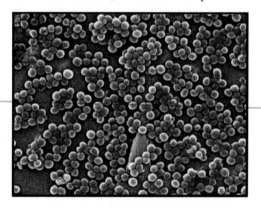

الشكل 2: جراثيم المكورات العنقودية الذهبية *S. aureus*

1-2-1- تصنيف المكورات العنقودية الذهبية Classification of *S. aureus*:

هنالك مجموعة من الاختبارات المميزة عند تصنيف هذا النوع الجرثومي منها: اختبار المختراز، اختبار الريبونيوكلياز منقوص الأوكسجين Deoxyribonuclease. بالإضافة إلى زراعتها على أوساط انتقائية منها: وسط المانيتول Mannitol Salt Agar (MSA) ووسط الآغار المدمى Blood Agar (Vos *et al.*, 2009)، ثم الطرائق الجزيئية كالتضخيم الوراثي للمورثة *nuc* التي ترمز لإنزيم الثرمونيوكلياز Thermonuclease باستعمال التفاعل السلسلي للبوليميراز (PCR) ويشكل ذلك المعيار الأمثل في التصنيف (Kateete *et al.*, 2010).

1-2-2- الانتشار Distribution:

تنتشر المكورات العنقودية الذهبية بشكل واسع في الطبيعة، وتعزل من مصادر البيئة المختلفة، كالهواء والماء والتربة ومن الطبقات الخارجية للنباتات، كما تعزل من منتجات الألبان واللحوم (Rohinishree and Negi, 2011)، ولها أهمية خاصة في المستشفيات والتجمعات السكنية، وذلك لما تسببه من عدوى خطيرة على الصحة العامة والسكان، ويمكن عزلها من معظم مناطق الجسم عند الإنسان (Figueiredo and Ferreira, 2014)، إضافة إلى عزل المكورات العنقودية الذهبية لا سيما المقاومة للميتسيللين (MRSA) من الحيوانات الأليفة كالكلاب والقطط والتي تعتبر بمثابة خزان للإصابات البشرية (Harrison *et al*., 2014).

1-2-3- الخصائص الزرعية والشكلية Characteristics of Culturing and Morphology:

تنمو المكورات العنقودية الذهبية بسهولة على الأوساط الزرعية الاعتيادية في الدرجة 37°م، تشكل مستعمرات قطرها من 0.5-1 ملم، ملساء Smooth، محدبة Convex، بحواف كاملة، وتتدرج ألوانها من الرمادي إلى الأصفر بسبب وجود صباغ ثلاثي التيربينوئيد-كاروتين Tri-Terpenoid Carotenoides ومشتقاته على الغشاء السيتوبلاسمي للخلية عند هذه الجراثيم (Lan *et al*., 2010)، وهي جراثيم غير متحركة، هوائية اختيارية، غير متبوغة وحالة للدم من النمط بيتا β-hemolytic (Tatlybaeva *et al*., 2013).

1-2-4- البنية الدقيقة Fine Structure:

يتكون جدار الخلية من طبقة ثخينة من الميورين Murein يرتبط إليها بشكل متناظر كل من الببتيدوغليكان Peptidoglycan وحمض التيكويئك Teichoic Acid (Chan *et al*., 2014)، وكذلك وجود مركبات بروتينية تدخل في تركيب الجزء الببتيدي لطبقة الميورين ومنها عامل التلازن Clumping Factor (CF)، البروتين الرابط للفبرينوكتين Fibronectin-Binding Protein (FBP) والبروتين الرابط للكولاجين Collagen-Binding Protein (CBP) والتي تمكن المكورات العنقودية الذهبية من الالتصاق بالنسج الحية عند الإصابة (Zuo *et al*., 2014).

ويتوضع البروتين A على جدار الخلية الجرثومية حيث يرتبط بالجزء الثابت Fc للغلوبولين المناعي IgG ويمنع بذلك تفعيل المتممة Complement وبالتالي عدم إتمام عملية البلعمة Phagocytosis الموجهة ضد الجراثيم الغازية (Votintseva *et al.*, 2014).

1-2-5- الإمراضية Pathogenesis:

تسبب المكورات العنقودية الذهبية مجموعة واسعة من الأمراض تشمل معظم مناطق جسم الإنسان (الشكل 3)، وتتركز هذه الأمراض بشكل رئيس في الجلد وعادةً ما تكون غير مميتة. ينجم عن الإصابة بهذه الجراثيم العديد من الآفات الجلدية السطحية، مثل التهاب بصيلات الشعر، حب الشباب والإصابات تحت الجلدية كالدمامل Boils والخراجات Abscesses (Bourigault *et al.*, 2014).

وهي تسبب خراجات في مناطق أخرى من الجسم كالتهابات المسالك البولية والتهابات الأذن الوسطى لا سيما عند السباحين (Dukic *et al.*, 2013)، والمرضى الذين يعانون من نقص المناعة يكونون عرضة للإصابة بالمكورات العنقودية الذهبية، فعلى سبيل المثال يعاني المرضى المصابين بفيروس نقص المناعة المكتسبة (HIV) زيادةً في معدلات الإصابة بهذه الجراثيم (Montgomery *et al.*, 2013).

وهذه الجراثيم مسؤولة عن مجموعة من الالتهابات الداخلية منها، ذات الرئة المكتسبة في المستشفيات، التهاب السحايا Meningitis المترافق مع العمليات الجراحية للدماغ، ذوات العظم والنقي، التهابات المفاصل، تجرثم الدم Bactermia والتسمم الغذائي Food Poisoning (Khodaverdian *et al.*, 2013).

وإن مريضاً من بين كل أربعة مرضى مصابين بالداء السكري يصاب بالمكورات العنقودية الذهبية وإن 46% منها مقاومة للميتسيللين (MRSA) (Lavery *et al.*, 2014). وتعد المكورات العنقودية الذهبية أحد أسباب انتشار العدوى المكتسبة في المستشفيات والناجمة عادةً عن انتقال هذه الجراثيم من مريض إلى آخر Patient-to-Patient Transmission (Price *et al.*, 2014).

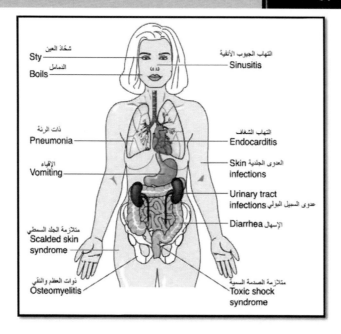

Sty | شحاذ العين
Boils | الدمامل
Sinusitis | التهاب الجيوب الأنفية
Pneumonia | ذات الرئة
Endocarditis | التهاب الشغاف
Vomiting | الإقياء
Skin infections | العدوى الجلدية
Urinary tract infections | عدوى السبيل البولي
Scalded skin syndrome | متلازمة الجلد السطحي
Diarrhea | الإسهال
Osteomyelitis | ذوات العظم والنقي
Toxic shock syndrome | متلازمة الصدمة السمية

الشكل 3: أهم الأمراض التي تسببها المكورات العنقودية الذهبية *S. aureus*

1-2-6- الإنزيمات والذيفانات الخارج خلوية Enzymes and Extracellular Toxins:

تفرز المكورات العنقوديـة الذهبيـة العديـد مـن الـذيفانات والإنزيمـات المسؤولة عن إمراضية هذه الجراثيم (Powers and Bubeck, 2014)، نوجز أهمها بالآتي:

❖ الإنزيم مخثر البلازمـا Plasma Coagulase: يعمـل علـى تحويل الفبرينـوجين Fibrinogen إلـى فبرين Fibrin يحيط بالخلية الجرثومية في النسج الحية ويمنع تعرضها للبلعمة.

❖ الذيفان ألفا Toxin–∝: يسبب أذيات عصبية مركزية ويخرب أغشية الخلايا مسبباً انحلالاً دموياً، وهو مسؤولاً عن بعض أشكال تنخر الجلد.

❖ الإنـزيم قاتـل الكريـات البيـض Leukocidins: يعمـل علـى تخريب الحبيبات Degranulation فـي البالعات الكبيرة Macrophages والعدلات Neutrophils.

❖ الذيفان المقشر Exfoliatin: يعد مسؤولاً عن انحلال خلايا البشرة.

❖ الذيفانات المعوية Enterotoxins: يمكن تمييز ثمانية أنواع مصلية (A, B, C, D, E, H, G, I) منها مسؤولة عن أعراض التسممات الغذائية.

❖ نيفان متلازمة الصدمة السمية Toxic Shock Syndrome Toxin-1(TSST-1): تفرزه سلالات المكورات العنقودية الذهبية TSST-1 *S. aureus* على شكل مستضد فائق Super-Antigen يزيد من انسلال الخلايا التائية T-Cell، مما يؤدي إلى إنتاج السيتوكينات Cytokines بكميات كبيرة مسبباً أعراض الصدمة السمية.

1-2-7- العدوى الانتهازية Opportunistic Infections:

تُعرف المكورات العنقودية الذهبية كجراثيم انتهازية عند الأشخاص المضعفين مناعياً أو المصابين ببعض الأمراض كالداء السكري. وتحتوي بعض سلالاتها على مورثات ترمز لإنزيمات تخرب الصاد الحيوي الميتسيللين ومعظم صادات البيتالاكتامات وتعرف بالمكورات العنقودية الذهبية المقاومة للميتسيللين (MRSA) التي تمثل الشكل الانتهازي لهذه الجراثيم عادةً (Joshi *et al.*, 2013).

وتأتي هذه الجراثيم في المرتبة الثانية بين الجراثيم المسببة للعدوى المكتسبة في المستشفيات والمنقولة عبر أجهزة التنفس الصناعي والمسببة لذات الرئة Pneumonia، ويختلف تواتر المكورات العنقودية الذهبية في سلم العوامل الممرضة من بلد إلى آخر ومن مكان إلى آخر، كما ترتبط الإصابة بهذه الجراثيم مع الكلفة العلاجية العالية وزيادة معدل انتشار المرض ونسبة الوفيات (Torres, 2012).

1-2-8- مقاومة الصادات الحيوية Antibiotics Resistance:

تبدي سلالات المكورات العنقودية الذهبية المقاومة للصادات الحيوية صعوبة بالغة في المعالجة، وقد شكل ذلك عبئاً حقيقياً على نظام الرعاية الصحية، استوجب تطوير صادات حيوية جديدة (Al-Talib *et al.*, 2009)، وهنالك ارتفاع في معدل انتشار السلالات الجرثومية المقاومة للصادات الحيوية في المستشفيات والتجمعات البشرية والمناطق المحيطة بها مثل المدارس وغيرها (Sobhy *et al.*, 2012).

وفي دراسة أُجريت على 30 عزلة من المكورات العنقودية الذهبية أظهر 70% من السلالات مقاومة جلية لسلسلة من الصادات الحيوية منها: Lincomycin (2μg)، Clindamycin (2μg), Augmentin (30μg), Gentamycin (10μg), Cobramycin (10μg), Cephotaxime (30μg), Ceftriaxone (30μg), Ciprofloxacin (5μg) Cefuroxime (30μg) (Dudhagara *et al.*, 2011).

وفي دراسة أخرى أجريت على عزلات المكورات العنقودية المقاومة للميتسيللين (MRSA) والمأخوذه من أطفال مصابين بتسمم الدم Septicemia، أظهرت العزلات مقاومة تامة تجاه صادات البنسيلين Penicillin، الريفامبيسين Refampicin، الأموكسيسيللين Amoxicillin، الجنتاميسين Gentamicin والميتسيللين Methecillin وكانت جميعها حساسة للأوكساسيللين Oxacillin والفانكومايسين Vancomycin (Saravanan *et al.*, 2014).

1-2-9- الأساس الوراثي للمقاومة The Genetic Basis of Resistance:

تحتوي المكورات العنقودية الذهبية على مجموعة مورثات ترمز لإنزيمات تعمل على تثبيط عمل أو تخريب الصادات الحيوية، والمورثه *bla Z* تتوضع على الصبغي الجرثومي أو البلاسميد وترمز لإنزيمات تثبط عمل صادات البيتالاكتامات (Bagcigil *et al.*, 2012).

كما سجلت المكورات العنقودية المقاومة للميتسيللين (MRSA) مقاومة متزايدة للفلوروكينولونات Fluoroquinolones ويعزى ذلك لحدوث طفرات Mutations للمورثات *gyr A* و*gyr B* مما يجعل أنزيم DNA gyrase عند هذه الجراثيم أقل حساسية لهذه الصادات الحيوية (Hashem *et al.*, 2013)، وكذلك تبدي مقاومة تجاه معظم البيتالاكتامات β-lactames لاحتوائها على مورثة *mec A*، التي ترمز للبروتينات الرابطة للبنسيلين (PBPs) Penicillin-Binding-Proteins القليلة الألفة للبيتالاكتامات (Haghighat *et al.*, 2013).

وتظهر المكورات العنقودية الذهبية مقاومة عالية تجاه التريميتوبريم Trimethoprim نتيجة حدوث طفرة في المورثة *dfrA* التي ترمز لإنزيمات ترجع حمض ثنائي الهيدروفولات Dihydropholate Acid، حيث يرتبط هذا الصاد عادةً مع الإنزيمات، إلا أن الطفرة الوراثية تؤدي إلى تبدل في تسلسل الحموض الأمينية موقع ارتباط الصاد الحيوي وبالتالي تخفض من كفاءة عمله (Vickers *et al.*, 2009).

لا تزال الغليكوببتيدات Glycopeptides كالفانكومايسين والدابتومايسين Daptomycin، الخيار الأمثل في معالجة الإصابة بالمكورات العنقودية الذهبية لاسيما المقاومة منها للميتسيللين (MRSA)، إلا أن وجود تبدلات وراثية في الجدار الخلوي ترمز لها المورثة *sec D* وأخرى في الغشاء الخلوي ترمز لها المورثات *mpr F* و *dlt A* جعلت من هذه الجراثيم تظهر مقاومة متوسطة تجاه هذه

الصادات الحيوية، وتعرف هذه الجراثيم بالمكورات العنقودية الذهبية المقاومة للفانكومايسين Vancomycin-Resistant-*S. aureus* (VRSA) (Cafiso *et al.*, 2012).

2. الجراثيم الراكدة *Acinetobacter*:

الراكدة جراثيم سالبة بصبغة غرام، عصوية الشكل، يتروواح طولها بين 1.5 – 2.5 ميكرومتر، تأخذ الشكل العصوي المكور Coccobacilli في مرحلة متقدمة من النمو، وهي جراثيم غير متحركة عموماً إلا أنها تظهر ما يشبة الحركة الاهتزازية Twitching Motility (Narayani *et al.*, 2012).

تنمو جراثيم الراكدة في درجة حرارة تترواح بين 20– 37°م، مستعمراتها مخاطية، تظهر خلاياها تحت المجهر بشكل أزواج Pairs أو سلاسل Chains، كما أنها سالبة الأوكسيداز وموجبة الكاتلاز (Lee *et al.*, 2011).

2–1– تصنيف الجراثيم الراكدة Classification of *Acinetobacter*:

وصفت الراكدة لأول مرة في عام 1908 بوساطة الميكروبيولوجي الألماني لينجي ليشم Alexander Von Lingelsheim، ليأتي الميكروبيولوجي الهولندي بيررنك Beijerinck في عام 1911 ويؤكد ما توصل إليه زميله الألماني (Irianti, 2013).

وقد صنفت هذه الجراثيم عند اكتشافها كأحد أنواع المكورات الدقيقة المعروفة باسم *Micrococcus calcoaceticus*، وفي عقود تالية سميت بالموراكسيلا لوفي *Moraxcella lowffii*. وبالاعتماد على الخصائص الزرعية والحيوية الكيميائية لعدد من السلالات الجرثومية توصل الباحثون في عام 1960 إلى أن جميع هذه السلالات ذات أصل مشترك، وسميت الراكدة التي صنفت بدورها ضمن فصيلة الموراكسيلا Moraxellaceae (Golic *et al.*, 2013).

وقد صنّف العالمان بوفيت Bouvet وجريمونت Grimont جراثيم الراكدة في عام 1986 كجنس مستقل يضم بعض الأنواع مثل *A. calcoaceticus* و *A. lowffii* اعتماداً على درجة حرارة النمو ومصدر الكربون، وتحديد النوعين *A. junii* و *A. johnsonii* من خلال دراسة خصائصهما الحيوية الكيميائية (Ledermann *et al.*, 2007).

يصنف ضمن جنس الراكدة حالياً 18 نوعاً و14 نوعاً غير مسمى (الشكل 4)، اعتماداً على الطرائق الجزيئية مثل تقنيات تهجين الدنا (DNA) والرنا (RNA) DNA- rRNA hybridization

DNA- DNA hybridization، والكشف عن بعض الـمورثات المميزة كالـمنطقة الـوراثية 16S rRNA region، والمنطقة الوراثية 16S - 23S rRNA region والمورثات *rpo B*، وتمثل الراكدة البومانيـة والنوعـان غير المسميان A. genomic species 3، 13TU أكثر أنواع الراكدة أهميـة من الناحية السريرية (Nemec *et al.*, 2011; Chan *et al.*, 2012).

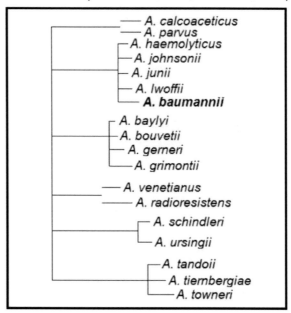

الشكل 4: الأنواع الجرثومية المصنفة ضمن جنس الراكدة *Acinetobacter*
(Nemec *et al.*, 2011; Chan *et al.*, 2012)

2-2- الراكدة البومانية *Acinetobacter baumannii*:

الراكدة البومانيـة جراثيم عصـوية مكورة، سـالبة بصـبغة غرام (الشـكل 5)، هوائيـة ، غـير متحـركة، سـالبة الأوكسيداز، مـوجبة الكاتـلاز ولا تخمـر مـعظم السـكاكر، لذا تأخذ مستعمراتها عادةً لون الوسط نفسه (Safari *et al.*, 2013). تخمر بعض سلالات الراكدة البومانية سكر الغلوكوز D-glucose مع إنتاج الحمض ولا ترجع النترات إلى نتريت، وغير حالة للدم (Daef *et al.*, 2013).

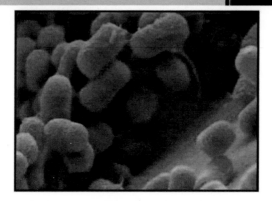

الشكل 5: جراثيم الراكدة البومانية *A. baumannii*

2-2-1- تصنيف الراكدة البومانية Classification of *A. baumannii*:

تظهر مستعمراتها دائرية، ملساء، بنفسجية على وسط الهيريلا Herellae Agar في حين تأخذ اللون الأحمر Red Color على وسط الراكدة Leeds Acinetobacter Medium (LAM) (Doi *et al.*, 2011). وتُستعمل الطرائق الجزيئية حالياً في تحديد هوية الراكدة البومانية من خلال تحديد أهداف وراثية على الدنا كالمورثات المرمزة لإنزيمات الاوكساسليناز ($bla_{OXA-23-like}$، $bla_{OXA-51-like}$) والمورثة *rpo B* والمنطقة الوراثية 16S rRNA (Bakour *et al.*, 2014).

2-2-2- الانتشار Distribution:

تعيش الراكدة البومانية حياة رمية فهي موجودة في التربة، المياه، مياة الصرف الصحي Sewage وفي الأطعمة لا سيما منها الخضار الطازجة، اللحوم Meat، الأسماك Fishes والجبنة (Peleg *et al.*, 2008)، وتعد هذه الجراثيم جزءاً من الفلورا الطبيعية عند الإنسان وتوجد على الجلد وفي السبيل التنفسي Respiratory Tract، وفي الوقت ذاتة تشكل الراكدة البومانية أحد أكثر العوامل الممرضة انتشاراً في المستشفيات (Kwon *et al.*, 2014).

2-2-3- الخصائص الزرعية والشكلية Charactaristic of Culturing and Morphology:

تبدو مستعمرات الراكدة البومانية على وسط التربتون صويا آغار Tryptone Soy Agar (TSA) دائرية، محدبة، ملساء ذات حواف كاملة، ويتروح قطر مستعمراتها بين 1.5 -2.0 ملم بعد 24 ساعة من النمو، ويبلغ قطرها 3.0- 4.0 ملم بعد 48 ساعة في الدرجة 37°م، وتنمو جيداً ضمن مجال

حراري يتروح بين 15-44°م (Bozkurt-Guzel *et al.*, 2014). كما تظهر مستعمراتها دائرية، ملساء، حمراء اللون على وسط الكروم آغار CHROMagar (Ajao *et al.*, 2011).

2-2-4- البنية الدقيقة Fine Structure:

تأخذ الراكدة البومانية الشكل العصوي Bacilli في المراحل الأولى لنموها لتتحول إلى الشكل العصوي المكور في المراحل المتأخرة (Chastre, 2003)، ويبيّن المجهر الالكتروني أن الجدار الخلوي لهذه الجراثيم يحتوي في تركيبه على الببتيدوغليكان الذي يتألف بدوره من حمض الموراميك Muramic Acid، الغلكوزأمين Glucosamine، الألانين Alanine وحمض الغلوتاميك Glutamic Acid وغيرها من المركبات، كما أن الطفرات التي تحدث في مستوى الببتيدوغليكان عند بعض السلالات تؤدي إلى تركيب البروتينات الرابطة للبنسيلين (PBPs) والتي تجعلها أكثر مقاومة للصادات الحيوية (Russo *et al.*, 2009).

يحتوي الجدار أيضاً سكاكر منقوصة الأوكسجين Deoxy Sugars، حموض أمينية Amino Acid وبوليميرات متفرعة Branched Polymers مما يجلعها تعمل كمستضدات جسمية O-antigens (Kenyon *et al.*, 2013).

2-2-5- الإمراضية Pathogenesis:

تمثل الراكدة البومانية عاملاً ممرضاً رئيساً في المستشفيات والتجمعات السكنية، فهي أحد الأسباب الشائعة للإصابة بمجموعة من الأمراض أهمها ذات الرئة، تجرثم الدم Bacteremia، التهابات السبيل البولي Urinary Tract، التهابات السبيل التنفسي Respiratory Tract ذوات العظم والنقي Osteomyelitis (الشكل 6) (Begum *et al.*, 2013; Park *et al.*, 2013)، وتسبب انتشار ذات الرئة المكتسبة عند مدمني الكحول حيث بلغت نسبة الوفيات 50% بين المصابين (Gandhi *et al.*, 2014).

وتبيّن أن العزلات المأخوذة من مرضى مصابين بتجرثم الدم في وحدة العناية المشددة (IUC) تبدي مقاومة عالية تجاه العديد من الصادات الحيوية (Bozkurt-Guzel *et al.*, 2014)، وتعزل الراكدة البومانية من المرضى المصابين بذوات العظم والنقي Osteomyelitis أو الجروح Wounds

المختلفـة لا سـيما خـلال فتـرات الحـروب والنزاعـات المسـلحة، مثـل: فتـرة الغـزو الأمريكـي للعـراق
(Whitman *et al.*, 2008).

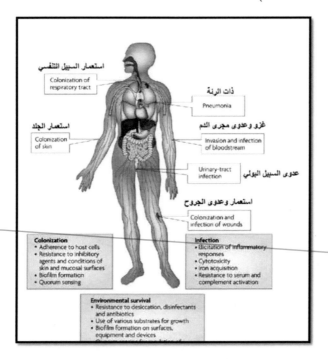

الشكل 6: أهم الأمراض التي تسببها الراكدة البومانية *A. baumannii*

2-2-6- عوامل الفوعة Virulence factors:

تحتوي الراكدة البومانية علـى مجموعـة مـن عوامـل الفوعـة التـي تفسـر القـدرة الإمراضـية العاليـة لهـذه
الجراثيم والتـي تشـمل بـروتين الغشـاء الخـارجي Outer Membrane Protein (OMP) ، الفسفوليبـاز
Phospholipases، عديـدات السـكاكر الغشـائية، البروتينـات الرابطـة للبنسـيلين (PBPs)، وحويصـلات
الغشاء الخارجي Outer Membrane Vesicles (OMVs) (McConnell *et al.*, 2013).

وتعمـل حويصـلات الغشـاء الخـارجي (OMVs) علـى نقـل عوامـل الفوعـة الأخـرى مـن الخليـة
الجرثوميـة إلـى خليـة العائـل (Jin *et al.*, 2011). ويعمـل بـروتين الغشـاء الخـارجي (OmpA) علـى قتـل
خلايـا العائـل مـن خـلال مهاجمتـه للجسـيمات الكوندريـة Mitochondria وإحـداث تبـدلات فـي مسـتوى
الحمضين الأمينيين الليـزين Lysine والألانين Alanine (Choi *et al.*, 2008).

وقد تبين محدودية فعالية صادات البيتالاكتامات تجاه هذه الجراثيم في الولايات المتحدة الأمريكية في دراسة على عينات سريرية للراكدة البومانية لاحتواء الأخيرة على البروتينات الرابطة للبنسيلين (PBPs) التي تعمل على إحداث تبدلات في بنية الجدار الخلوي تقود إلى تخفيض تأثير البيتالاكتامات (Papp-Wallace *et al.*, 2012).

2-2-7- العدوى الانتهازية Opportunistic Infection:

تُظهر العزلات المأخوذة من المستشفيات مقاومة عالية تجاه العديد من الصادات الحيوية. ويعكف الباحثون على إنتاج لقاح Vaccine خاص بهذه الجراثيم إلا أنهم لم يتوصلوا بعد، إلى نتيجة حاسمة بهذا الخصوص (Moriel *et al.*, 2013).

2-2-8- مقاومة الصادات الحيوية Antibiotics Resistance:

تبدي الراكدة البومانية مقاومة عالية تجاه العديد من الصادات الحيوية، ومن المؤكد أن العدوى المكتسبة في المستشفيات لا سيما في وحدات العناية المشددة (ICUs) بوساطة هذه الجراثيم تشكل تهديداً حقيقياً للرعاية الصحية في مختلف أنحاء العالم (Fouad *et al.*, 2013). وإن سلالات الراكدة البومانية المقاومة للكاربابينيم Carbapenem-Resistant *A. baumannii* (CRAB) تظهر مقاومة عالية تجاه معظم الصادات الحيوية لا سيما البيتالاكتامات (Revathi *et al.*, 2013)، حيث تحتوي هذه السلالات على مورثات ($bla_{OXA\text{-}23\text{-}like}$، $bla_{OXA\text{-}51\text{-}like}$) ترمز لإنزيمات تثبط عمل هذه الصادات (Fonseca *et al.*, 2013).

وتظهر الراكدة البومانية المعزولة من العينات السريرية مقاومة تجاه معظم السيفالوسبورينات Cephalosporins (Rezaee *et al.*, 2013)، وتبدي جميع عزلات هذه الجراثيم مقاومة تامة لمجموعة من الصادات الحيوية منها الأموكسيسيللين- حمض كلافولينك Amoxicillin-clavulanic acid، الأزتريونيم Aztreoname والسيفوتاكسيم Cefotaxime (Al-Agamy *et al.*, 2014)، وأظهرت 85% مقاومة للسيبروفلوكساسين Ciprofloxacin و 70% مقاومة للإيميبينيم Imipenem.

2-2-9- الأساس الوراثي للمقاومة The Genetic Basis of Resistance:

الراكدة البومانية جراثيم ممرضة انتهازية، لها القدرة على البقاء طويلاً في البيئات السريرية واكتساب المقاومة تجاه العديد من الصادات الحيوية، بسبب حدوث طفرات وراثية، وتوضع مورثات على البلاسميد ترمز لإنزيمات تثبط عمل هذه الصادات (Jurenaite e*t al.*, 2013)، وتبدي سلالات الراكدة

البومانية مقاومة للأمينوغليكوزيدات Aminoglycosids وصادات حيوية أخرى، وتحتوي على مواقع وراثية (*aac A4*، *aac C1* و *aad A1*) ترمز لإنزيمات تثبط عمل هذه الصادات (Lin *et al.*, 2010).

3. الصادات الحيوية Antibiotics:

مع اكتشاف البنسيلين Penicillin من قبل العالم فلمنغ Fleming في عام 1929 ومعرفة بنيته الكيميائية من قبل هودكن Hodgkin وكذلك بنيته الثانوية من قبل العالمين هيتلي وفلوري Heatley and Florey، فإن ذلك قاد إلى إنتاج البنسيلين كعقار تجاري في منتصف عام 1940 (Fleming, 2001)، وتمكن العلماء من تحديد فعالية الصادات الحيوية تجاه الجراثيم والفطريات والفيروسات، وكذلك معرفة الآلية التي تحول دون تعرض الخلية الحية عند الإنسان أو الحيوان للخطر عند المعالجة بهذه الصادات (Berić *et al.*, 2013).

3-1- تصنيف الصادات الحيوية وظيفياً Classification of Antibiotics Functionally:

3-1-1- الصادات الحيوية المثبطة لتركيب الجدار الخلوي Antibiotics Inhibitor of Cell Wall Synthesis: يمكن تمييز ثلاث مجموعات من الصادات الحيوية تعمل على تثبيط تركيب الجدار الخلوي كالآتي:

3-1-1-1- البيتالاكتامات Beta-lactams:

تتميز هذه المجموعة بأن جميع الصادات الحيوية المنضوية ضمنها تحتوي في تركيبها على حلقة البيتالاكتام. تضم هذه المجموعة نحو 50 نوعاً من الصادات الحيوية المختلفة، وتنتمي إلى هذه المجموعة البنسيلينات والسيفالوسبورينات والمونوباكتامات Monobactams والبينيمات Penems. إنها قاتلة للجراثيم Bactericidal، غير سامة أي يمكن إعطاءها بجرعات عالية نسبياً، تذوب في الماء كونها حموض عضوية وهي غير مكلفة نسبياً (Callero *et al.*, 2014).

- **البنسيلينات Penicillins**: صادات حيوية واسعة الطيف، لها تأثير قاتل للعديد من الجراثيم السالبة والموجبة بصبغة غرام. تحتوي في تركيبها على حلقتي التيازولين والبيتالاكتام. وترتبط حلقة البيتالاكتام مع وظيفة أمينية حرة ترتبط بدروها مع جذور حرة (R) وبالتالي يمكن الحصول على أنواع مختلفه من

الصادات. ينتمي إلى البنسيلينات صادات عدة منها: Penicillin G، Oxacillin، Methicillin، Amoxicillin، Ampicillin وغيرها (Hameed *et al*., 2002).

- **السيفالوسبورينات Cephalosporins**: صادات حيوية لها تأثير قاتل على الجراثيم، وتصنف في عدة أجيال كالتالي:
  - الجيل الأول 1st generation: فعال تجاه الجراثيم الموجبة بصبغة غرام، مثل: صادات Cephalothin، Cefazolin (Demon *et al*., 2012).
  - الجيل الثاني 2nd generation: فعال تجاه الجراثيم السالبة بصبغة غرام، مثل: صادات Cefuroxime، Cefamandole (Salles *et al*., 2013).
  - الجيل الثالث 3rd generation: واسع الطيف ويُظهر فعالية عالية تجاه الأمعائيات والزائفة الزنجارية *Pseudomonas aeruginosa* وبدرجة أقل تجاه الجراثيم الموجبة بصبغة غرام، ومن صادات هذا الجيل Cefotaxime، Ceftazidime، Ceftriaxone (Guleria *et al*., 2013).
  - الجيل الرابع 4th generation: واسع الطيف، له فعالية كبيرة تجاه المستويات العالية من إنزيمات السيفالوسبوريناز Cephalosporinases التي تفرزها الأمعائيات والزائفة الزنجارية، إلا أنه غير فعال تجاه المكورات العنقودية المقاومة للميتسيللين (MRSA). ومن صادات هذا الجيل: Cefepime (Kim *et al*., 2013).
  - الجيل التالي Next generation: صادات حيوية قاتلة للجراثيم، ذات فعالية عالية تجاه الجراثيم السالبة بصبغة غرام، وكذلك بعض الجراثيم الموجبة بصبغة غرام. كما أنها فعالة تجاه المكورات العنقودية المقاومة للميتسيللين (MRSA)، بخلاف معظم صادات البيتالاكتامات، ومن هذا الجيل: Ceftobiprole، Ceftarolin (Bassetti *et al*., 2013).
- **المونوباكتامات Monobactams**: صادات حيوية واسعة الطيف، فعالة ضد الأمعائيات والزائفة، غير قابلة للتحلل تحت تأثير أغلب إنزيمات البيتالاكتاماز المرتبطة بالبلاسميد أو الصبغي الجرثومي، ومنها الصاد الحيوي Aztreonam (Khoshvaght *et al*., 2014).
- **البينيمات Penems**: تمتلك هذه الصادات الحيوية بنية مختلفة قليلاً عن بقية البيتالاكتامات، وتعد هذه الصادات أكثر قدرة على مقاومة التحلل تحت تأثير انزيمات البيتالاكتاماز، وتقسم صادات البينيمات إلى فئتين هما الكاربابينيم Carbapenems والبينيم Penem.

- **الكاربابينيم Carbapenems**: واسعة الطيف، فعالة تجاه معظم الجراثيم الموجبة والسالبة بصبغة غرام، إلا أنها غير فعالة تجاه المكورات العنقودية المقاومة للميتسيللين (MRSA). ومنها Imipenem، Meropenem، Ertapenem، Doripenem (Thibodeau *et al.*, 2014).
- **البينيم Penem**: واسعة الطيف، تستعمل بشكل رئيس ضد أخماج الجهاز التنفسي، ولها فعالية منخفضة تجاه السيراتيا *Serratia* والزائفة، ينتمي إليها Faropenem (Day *at al.*, 2013).

وتعمل البيتالاكتامات على تثبيط تركيب الجدار الخلوي بشكل انتقائي من خلال ارتباطها بمستقبلات تعرف بالبروتينات الرابطة للبنسيلينات (PBP_S) بوساطة روابط تساهمية مشكلة بذلك معقدات غير عكوسة، وتوجد هذه البروتينات (PBP_S) على الغشاء البلاسمي للخلية الجرثومية وتساهم في تركيب طبقة الببتيدوغليكان (Triboulet *et al.*, 2013).

ونتيجة لارتباط البيتالاكتامات بالبروتينات الرابطة للبنسيلينات (PBP_S) يتوقف تركيب الجدار الخلوي مما يؤدي إلى موت الخلية الجرثومية، كما تعمل هذه الصادات على تحفيز إنزيمات جرثومية تعمل على حل الجدار الخلوي ذاتيا Autolyse. ومن المعلوم أن طبقة الببتيدوغليكان تشكل معظم بنية الجدار الخلوي عند الجراثيم الموجبة بصبغة غرام، لذا فهذه الجراثيم أكثر تأثراً بالبيتالاكتامات مقارنة بالجراثيم السالبة بصبغة غرام التي تشكل عديدات السكر الشحمية Lipopolysaccharide معظم بنية جدارها الخلوي، وتعيق عديدات السكر الشحمية عملية نفاذ صادات البيتالاكتامات عبر الجدار الخلوي، وبالتالي تحول دون ارتباطها مع البروتينات الرابطة للبنسيلينات (PBP_S) مما يقلل فعاليتها تجاه الجراثيم السالبة بصبغة غرام، كما تستطيع الجراثيم مقاومة البيتالاكتامات من خلال إفرازها لإنزيمات البيتالاكتاماز β-lactamase (Wilke *et al.*, 2005; Santiso *et al.*, 2011).

3-1-2- الغليكوببتيدات Glycopeptides:

تضم هذه المجموعة نوعين من الصادات الحيوية هما Vancomycin و Teicoplanin، يتشابهان بنيوياً ووظيفاً إلى درجة كبيرة، لهما بنية كيميائية معقدة وتأثير قاتل للجراثيم الموجبة بصبغة غرام (Tarai et al., 2013)، وتأخذ الغليكوببتيدات في بنيتها شكل الجيب Pocket Shape وتعمل على الارتباط بالوحدات الأساسية لطبقة الببتيدوغليكان مما يعيق بناء هذه الطبقة وبالتالي تثبط تركيب الجدار الخلوي عند الجراثيم الموجبة بصبغة غرام (Kwun *et al.*, 2013)، وتحول طبقة البورين Porins عند الجراثيم السالبة بصبغة غرام دون دخول وحدات الغليكوببتيدات كبيرة الوزن الجزيئي ضمن

الجدار الخلوي وبالتالي فإن الجراثيم السالبة بصبغة غرام لا تتأثر بصادات الغليكوببتيدات ويشاهد نموها حول قرص الفانكومايسين في المزارع الجرثومية الصلبة (Turner *et al.*, 2013).

3-1-1-3- الفوسفوميسينات Fosfomycins:

ينتمي إلى هذه المجموعة الصاد الحيوي Fosfomycin وهو صاد حيوي واسع الطيف يعطى في حالات التهاب السبيل البولي بالإشريشيا القولونية *E. coli* وكذلك في حالات العدوى بالجراثيم الموجبة بصبغة غرام (Villar *et al.*, 2014).

3-1-2- الصادات الحيوية المثبطة لتركيب البروتينات Antibiotics Inhibitors of Proteins Synthesis: يمكن تمييز سبع مجوعات من الصادات الحيوية التي تعمل على تثبيط تركيب البروتينات:

3-1-2-1- الأمينوغليكوزيدات Aminoglycosides:

تشترك صادات هذه المجموعة بالبنية حيث تحتوي في تركيبها على مركب أمينو بولي غليكوزيد Aminopolyglycosides وتعمل صادات هذه المجموعة بشكل انتقائي حيث تثبط تركيب البروتينات الجرثومية بتثبيط عمل تحت الوحدة الريبوزومية 30S (Tsai *et al.*, 2013)، والأمينوغليكوزيدات صادات حيوية واسعة الطيف، ذات تأثير قاتل على الجراثيم ولها تأثير سام على الأذن والكلية، تستخدم في حالات الإصابة بالمكورات العنقودية، والعدوى الجهازية بالجراثيم السالبة بصبغة غرام في المستشفيات. ومن صادات هذة المجموعة Amikacin، Gentamicin، Tobramycin، Streptomycin، Kanamycin (Wattal *et al.*, 2014).

وتساعد الشحنة الموجبة لجزيئات الأمينوغليكوزيدات في نفاذها بسهولة إلى داخل الخلية الجرثومية سالبة الشحنة عبر جدارها الخلوي الذي يحتوي في تركيبه على طبقة عديد السكر الشحمي Lipopolysaccaride وحمض التيكوئيك Teichoic acid (Jassem *et al.*, 2011)، وتساهم الإنزيمات التنفسية عند الجراثيم الهوائية Aerobic في نفاذ جزيئات الأمينوغليكوزيدات عبر الغشاء السيتوبلاسمي، ولذا فإن هذه الصادات الحيوية لا تؤثر في الجراثيم اللاهوائية Anaerobic لعدم احتواء الأخيرة على آلية تنفسية، وترتبط الأمينوغليكوزيدات بالحمض النووي الريبي (RNA) لتحت الوحدة الريبوزومية (30S)، مما يؤدي إلى حدوث خلل في عملية الترجمة Translation Error عند تصنيع

البروتينات السيتوبلاسمية وظهور بعض البروتينات الشاذة، وبالتالي توقف تركيب بروتينات الغشاء السيتوبلاسمي مما يقود في النهاية إلى تحلل الخلية الجرثومية وموتها (Yuan *et al*., 2013).

3-1-2-2- MLSK (Macrolides, Lincosamides, Streptogramins, Ketolides):

تضم هذه المجموعة أربع فئات من الصادات الحيوية (MLSK) تتشابه في آلية تأثيرها وتختلف فيما بينها بالبنية. لها تاثير قاتل للجراثيم، ويقتصر تأثيرها في المكورات الموجبة بصبغة غرام مثل المكورات العنقودية والمكورات العقدية *Streptococcus*.

- **الماكروليدات Macrolides**: تستعمل هذه الصادات بدرجة أساسية في حالات التهاب الجهاز التنفسي بالمكورات العقدية الرئوية *S. pneumonia*، المكورات العقدية المقيحة *S. pyogenes* وكذلك العدوى البسيطة بالمكورات العنقودية، ومنها: الصاد الحيوي Erythromycin (Hansen *et al*., 2009).
- **اللينكوزاميدات Lincosamides**: تستعمل في حالات العدوى الجلدية بالجراثيم الموجبة بصبغة غرام، وفي حالات العدوى بالجراثيم اللاهوائية Anaerobic، ومنها: Lincomycin، Clindamycin (Pyorala *et al*., 2014).
- **الستربتوغرامينات Streptogramins**: تظهر هذه الصادات فعالية تجاه المكورات الدقيقة البرازية *Enterococcus faecalis* والمكورات العنقودية المقاومة للميتسيللين، ومنها: Quinupristin، Dalfopristin، Pristinamycin (Isnard *et al*., 2013).
- **الكيتوليدات Ketolides**: صادات نصف مصنعة إنطلاقاً من الصاد الحيوي Erythromycin، تظهر فعالية تجاه المكورات العنقودية الرئوية والمكورات العنقودية الذهبية، منها: الصاد الحيوي Telithromycin (Sato *et al*., 2011).

وصادات الـ MLSK فاعلة تجاه الجراثيم الموجبة بصبغة غرام حيث تنفذ بسهولة إلى داخل سيتوبلاسما الخلية الجرثومية، في حين تمتلك الجراثيم السالبة بصبغة غرام مقاومة طبيعية تجاه هذه الصادات وذلك لاحتوائها على طبقة البورين Poriens التى تحول دون نفاذ جزيئات صادات الـ MLSK إلى داخل الخلية الجرثومية، وترتبط هذه الصادات بتحت الوحدة الريبوزمية (50S)، مما يؤدي إلى إعاقة عملية الترجمة وتوقف الاستطالة الببتيدية وبالتالي تثبيط تركيب البروتينات السيتوبلاسمية (Dang *et al*., 2007; Roberts, 2008).

3-1-2-3- التتراسيكلينات Tetracyclines:

صادات حيوية واسعة الطيف، ذات تأثير قاتل على الجراثيم السالبة والموجبة بصبغة غرام، إلا أن المقاومة الشائعة لها تحد من استعمالها. تفيد في معالجة العدوى التناسلية بالمتدثرات Chlamydiae وبدرجة ثانية لمعالجة العدوى بالريكتيسيا Rickettsiae والمفطورات Mycoplasma، منها: صادات Minocycline، Doxycycline، Chorotetracycline و Tetracycline (Orsucci *et al.*, 2012; Roberts., 2003).

وتتألف التتراسيكلينات من مزيج لمركبي الليبوفيلك Lipophilic والهيدوفيلك Hydrophillic، اللذان يشكلان معقدات مع شوارد المغنزيوم Mg^{++} على جدار الخلية مما يساعد على نفاذها إلى داخل الخلية الجرثومية، وترتبط التتراسيكلينات Tetracyclines إلى تحت الوحدة الريبوزومية (30S) وتعمل على تثبيط تركيب البروتينات السيتوبلاسمية (Griffin *et al.*, 2010).

3-1-2-4- الغليسيلسيكلينات Glycylcyclines:

صادات حيوية واسعة الطيف تشبه في تركيبها التتراسيكلينات، لها تأثير تجاه العديد من الأحياء الدقيقة، وتستعمل في معالجة العدوى بالجراثيم السالبة بصبغة غرام، ومنها: الصاد الحيوي Tigecyclin (Seputiene *et al.*, 2010).

3-1-2-5- الفينيكولات Phenicols:

صادات حيوية واسعة الطيف، سهلة التصنيع، تحتوي في تركيبها على نواة النتروبنزن، ذات سمية عالية وتثبط نقي العظم، فعالة تجاه العديد من الجراثيم السالبة والموجبة بصبغة غرام، كما تظهر فعالية تجاه المتدثرات، المفطورات والريكتيسيا، ومنها: Thiamphenicol، Chloramphenicol (Pilehvar *et al.*, 2012)، ويسهل حجم جزيئات الفينيكولات الصغيرة نسبياً من نفاذها إلى داخل الخلية الجرثومية حيث ترتبط جزيئاتها بتحت الوحدة الريبوزومية (50S) وتثبط تصنيع البروتينات في مرحلة الاستطالة الببتيدية (Dunkle *et al.*, 2010).

3-1-2-6- الأوكزازوليدينونات Oxazolidinones:

صادات حيوية محدودة الطيف ولها تأثير قاتل للمكورات العنقودية الذهبية المقاومة للميتسيللين (MRSA) والمكورات الرئوية، وتظهر الجراثيم السالبة بصبغة غرام مقاومة طبيعية تجاه هذه الصادات الحيوية، وينتمي إليها الصاد الحيوي Linezolid (Long and Vester, 2012).

3-1-2-7- الأنساميسينات Ansamycins:

صادات حيوية واسعة الطيف، مثبطة أو قاتلة للجراثيم الموجبة والسالبة بصبغة غرام، وتوجد بشكل طبيعي أو نصف مصنع، تستعمل ضد الإصابات بالمتفطرات السلية *Mycobactrium tuberculosis*، النيسيريا السحائية *Nesseria meningitidis* والعدوى بالمكورات العنقودية، بما فيها المكورات العنقودية المقاومة للميتسيللين (MRSA). ومنها: Rifamycin، Rifampin، Rifampicin (Mirsaeidi and Schraufnagel, 2014; Evans *et al.*, 2014)، وتشكل هذه الصادات معقدات مع RNA polymerase وتمنع نسخ الحمض النووي الريبي المرسال (mRNA) ابتداءً من الحمض النووي الريبي منقوص الأوكسجين (DNA) وبالتالي توقف تصنيع البروتينات (Andrad *et al.*, 2013).

3-1-3- الصادات الحيوية المثبطة لوظيفة الجدار الخلوي Antibiotics Inhibitors of Cell Wall Function:

وينتمي إلى هذه المجموعة صادات الليبوببتيدات Lipopeptides

3-1-3-1- الليبوببتيدات Lipopeptides:

كانت تعرف سابقا بعديدات الببتيد Polypeptides وهي صادات حيوية تعطل وظيفة الجدار الخلوي عند الجراثيم، ومنها: صادات Polymyxins، Cycle Lipopeptides.

- **البولي مكسينات Polymyxins:**

صادات حيوية واسعة الطيف، لها تاثير قاتل للجراثيم السالبة بصبغة غرام مثل جراثيم الراكدة وجراثيم الزائفة، ومنها: صادات Polymyxcin (A, B, C, D, E)، والصاد الحيوي Colistin بشكلية Colistin sulfate وColistimethate sodium (Wertheim *et al.*, 2013).

- **الليبوببتيدات الحلقية Cycle Lipopeptides:**

الليبوببتيدات الحلقية صادات حيوية حديثة نسبياً، لها تأثير مثبط للجراثيم الموجبة بصبغة غرام مثل المكورات العنقودية الذهبية والعقديات الحالة للدم نمط بيتا β-hemolytic، وتستعمل في حالات الإصابة الجلدية، ومنها: الصاد الحيوي Daptomycin (Wang *et al.*, 2014).

3-1-4- الصادات الحيوية المثبطة لعملية الاستقلاب Antibiotics Inhibitors of Metabolites:

تعمل هذه الصادات على تثبيط اصطناع حمض الفوليك الذي يدخل في تركيب الأسس الآزوتية الأدنين والتيامين عند الجراثيم، ومنها: Sulfonamides، Trimethoprim.

3-1-4-1- السلفاناميدات Sulfonamides:

صادات حيوية لها تأثير قاتل للجراثيم، وتستعمل في علاج عدوى المسالك البولية، ومنها: Sulfamethoxazole (Hruska and Franek, 2012).

3-1-4-2- التريميتوبريم Trimethoprim:

صاد حيوي واسع الطيف، يستعمل عادة بالمشاركة مع السلفاميتاكسازول على شكل مركب Trimethoprim-Sulfamethoxazole، له تأثير قاتل للجراثيم ويستخدم في حالات التهاب المسالك البولية والتهاب الأذن الوسطى، كما يوصف في حالات الإسهال عند المسافرين (Delanaye *et al.*, 2011).

وتشكل الصادات الحيوية المضادة للاستقلاب ركيزة Substrate تماثل في بنيتها الركيزة الجرثومية لإنزيمات تدخل في عملية الاستقلاب، حيث يرتبط الصاد الحيوي Sulfamethoxazole إلى الإنزيم المسؤول عن تركيب البتريدين Enzyme Pteridine Synthetase، بينما يرتبط الصاد الحيوي Trimethoprim إلى الإنزيم المرجع للحمض ثنائي الهيدروفولات Enzyme Dihydrofolic Acid Reductase، ويقود ذلك بالنتيجة إلى عدم تشكل حمض ثلاثي الهيدروفولات Tetrahydropholic Acid عند الجراثيم الذي يشكل طلعية لحمض الفوليك Folic Acid الذي يدخل في تركيب الأسس الآزوتية الأدنين والتيامين، وعليه فإن توقف مسار تصنيع حمض الفوليك يجعل من الجراثيم غير قادرة على تصنيع الحموض النووية (RNA) و (DNA) وبالتالي عدم القدرة على التكاثر (Haruki *et al.*, 2013).

3-1-5- الصادات الحيوية المثبطة لتركيب الحموض النووية Antibiotics Inhibitors of Nucleic Acid Synthesis: ينتمي إلى هذه المجموعة صادات الكينولونات Quinolones والفورانات Furanes.

3-1-5-1 – الكينولونات Quinolones:

صادات حيوية مصنعة واسعة الطيف، لها تأثير قاتل للجراثيم، يمكن تصنيفها في جيلين، يضم الأول الصادات الحيوية Nalidixic acid، Cinoxacin ويقتصر تأثيرها في الجراثيم السالبة بصبغة غرام، وجيل ثاني يعرف بالفلوروكينولونات حيث يحتوي على ذرة فلور عند ذرة الكربون C_6، ويؤثر في الجراثيم السالبة والموجبة بصبغة غرام بما فيها الجراثيم اللاهوائية، ومنها Ciprofloxacin، Enoxacin، Garenoxacin، Levofloxacin، Norfloxacin، Ofloxacin، Sparfloxacin، Gatifloxacin، Moxifloxacin، Trovafloxacin (Takahashi et al., 2003).

وجزيئات الكينولونات صغيرة الحجم نسبياً، ولذا فإنها تستطيع النفاذ عبر طبقات الجدار الخلوي والغشاء السيتوبلاسمي للجراثيم بسهولة، وتشكيل معقدات مع الإنزيمات المسؤولة عن تركيب الحموض النووية مثل: إنزيم DNA Gyrase وتعمل على تثبيط عمل هذا الإنزيم ومنع تشكل البنية الفائقة للحمض النووي منقوص الأوكسجين Supercoiling DNA مما يؤدي إلى حدوث خلل في بنية الخلية الجرثومية ينتهي بموتها وتحللها (Aedo and Tse-Dinh, 2013).

3-1-5-2 – الفورانات Furanes:

صادات حيوية واسعة الطيف، لها تأثير قاتل على الجراثيم السالبة والموجبة بصبغة غرام. وتستخدم في حالات التهاب المسالك البولية، وينتمي إلى هذه المجموعة الصاد الحيوي Nitrofurantoin (Cunha et al., 2011)، ويكمن تأثير الفورانات في مستوى الحمض النووي الريبي منقوص الأوكسجين (DNA)، حيث تُرجع جزيئات النتروفورانتوئين Nitrofurantoin بوساطة الفلافوبروتين Flavoprotein، وتعمل الفورانات المُرجعة على مهاجمة البروتينات الريبوزومية Ribosomes Protein، الدنا (DNA)، مستقلبات البيروفات Pyruvate Metabolism وغيرها من الجزيئات الخلوية (Mullerpattan et al., 2013).

الفصل الثاني

مواد البحث وطرائقه

1. مواد البحث
2. الطرائق

1. مواد البحث Materials of Research:

استُعملت مجموعة من المواد خلال مراحل البحث المختلفة، مصدرها بعض الشركات، منها: شركة Vivantis وشركة Sigma وشركة Thermo.

1-1-أوساط الزرع Culture Media: استُعمل نوعان من الأوساط الزرعية، أوساط سائلة Liquid Media بهدف الإغناء والإكثار، وأوساط صلبة Solid Media بهدف التنمية وتعريف بعض الخصائص الشكلية والزرعية للمستعمرات الجرثومية.

1-1-1الأوساط السائلة Liquid Media: استعُمل وسطان زرعيان، وسط االمرق المغذي Nutrient Broth ووسط مرق لوريا Luria Broth.

1-1-2- الأوساط الصلبة Solid Media: أوساط صلبة للتنمية العامة General Solid Media، وأوساط صلبة انتقائية Selective Solid Media.

1-1-2-1- الأوساط العامة General Media: وسط الآغار المغذي Nutrient Agar ووسط لوريا آغار Luria Bertani Agar .

1-1-2-2- الأوساط الانتقائية Selective Media:

أوساط انتقائية خاصة بالمكورات العنقودية الذهبية (وسط المانيتول MSA ووسط الآغار المدمى Blood Agar)، وأخرى خاصة بالراكدة البومانية (وسط الهيريلا آغار Herellae Agar، وسط ماكونكي آغار MacConky Agar، وسط الراكدة آغار Leeds Acinetobacter Agar، وسط الآغار المدمى Blood Agar، وسط الإيوزين أزرق المتيلين Eiosin Methylen Blue).

1-2- الكواشف الحيوية الكيميائية Biochemical Reagents:

أُجريت مجموعة من الاختبارات الحيوية الكيميائية Biochemical Tests بهدف تعريف الأنواع الجرثومية، بوساطة صفائح معايرة دقيقة Microtitration Plates تضم 96 بئراً well تتوزع في ثمانية صفوف، يحمل كل صف الأرقام من 1-12 واثني عشر عموداً، يحمل كل عمود الأحرف من A-H بسعة 300-400 ميكروليتر وسط لكل بئر (الشكل 7). وقد استعملت مجموعتان من صفائح المعايرة الدقيقة.

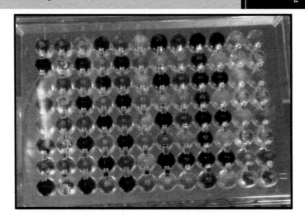

الشكل 7: صفائح المعايرة الدقيقة-96 بئر Microtitration Plates-96 well

1-2-1- صفائح تعريف المكورات العنقودية الذهبية Plates for *S .aureus* Identification:

قسمت الصفائح إلى أربع مجموعات، تضم كل مجموعة 24 بئراً، ويحتوي كل بئر بدوره على أحد الكواشف الكيميائية المميزة للمكورات العنقودية الذهبية ويوضح الجدول1 قائمة الكواشف الكيميائية ضمن صفائح المعايرة الدقيقة، كما أجري اختبار المختراز المميز للمكورات العنقودية الذهبية باستعمال أنابيب اختبار خاصة مزودة بمادة الهيبارين لمنع تجلط الدم.

الجدول 1: الكواشف الكيميائية المميزة للمكورات العنقودية الذهبية *S. aureus*

Nitrate	Oxidase	Dulcitol	Mannitol
Arginine	Indole	Cellobiose	Maltose
Lysine	Citrate	L-arabinose	D-mannose
Ornithine	Gelatin	Glycerol	Raffinose
Catalase	Urea	Glucose	D-sorbitol
Tsi	Esculin	Lactose	Trehalose

1-2-2- صفائح تعريف الراكدة البومانية Plates for *A. baumannii* Identification:

قُسمت الصفائح إلى ثلاث مجموعات، تضم كل مجموعة 32 بئراً، تحتوي الآبار على كواشف كيميائية مميزة للراكدة البومانية، ويظهر الجدول 2 الكواشف ضمن صفائح المعايرة الدقيقة.

الجدول 2: الكواشف الكيميائية المميزة للراكدة البومانية *A. buamannii*

Catalase	Indol	Tsi	Mannitol
Oxidase	Jordan	L-arabinose	Maltose
Arginine	Acitate	Cellobiose	D-mannose
Lysine	Citrate	Dulcitol	Raffinose
Nitrate	Esculin	Glycerol	D-sorbitol
MR	Gelatin	Glucose	Sucrose
VP	Urea	Inositol	Trehalose
	Phy-ala-deam	Lactose	D-xylose

1-3- الصادات الحيوية Antibiotics:

استُعمل 20 صاداً حيوياً لدراسة حساسية الأنواع الجرثومية (الجدول 3).

الجدول 3: الصادات الحيوية المستعملة في الدراسة

Antibiotcs	الصاد الحيوي	Antibiotics	الصاد الحيوي
Tobramycin	توبرامايسين	Vancomycin	فانكومايسين
Amoxicillin	أموكسيسيللين	Cefazolin	سيفازولين
Lincomycin	لينكومايسين	Levofloxacin	ليفوفلوكساسين
Nitrofurantoin	نتروفورانتوئين	Ciprofloxacin	سيبروفلوكساسين
Trimethoprim	تريميتوبريم	Rifampicin	ريفامبيسين
Gentamicin	جنتاميسين	Chloramphenicol	كلورامفينيكول
Imipenem	إيميبينيم	Oxacillin	اوكساسيللين
Cefuroxime	سيفوروكسيم	Tetracycline	تتراسيكلين
Clavulanic acid	حمض كلافولنيك	Erythromycin	إريترومايسين
Sulfamethoxazole	سلفاميتاكسازول	Penicillin V	بنسيلين ف

1-4- المواد الجزيئية Molecular Materials:

استُعملت المواد الكيميائية والجزيئية، مثل: مواد لعزل الدنا (DNA) (الجدول 4) ومواد خاصـة بالتفاعل السلسلي للبوليميراز Polymerase Chain Reaction (PCR) (الجدول 5).

الجدول 4: المواد المستعملة في عزل الدنا (DNA)

Tris-EDTA buffer (TE buffer)	محلول موق يستعمل في عزل الدنا DNA
Sodium Dodecyl Sulfate (SDS)	كبريتات الصوديوم دوديسيل
Proteinase K	إنزيم البروتيناز
5M NaCl	كلوريد الصوديوم 5 مول
Cetyl Trimethyl ammonium Bromid (CTAB)/NaCl	محلول سيتيل ثلاثي الأمونيـوم برومايـد – كلوريد الصوديوم
Chloroform- Isoamyl Alcohol	الكلوروفورم – كحول الإيزوأميل
Phenol-Chloroform-Isoamyl Alcohol	الفينول-كلوروفورم – كحول الإيزوأميل
Isoprobanol	الإيزوبروبانول
Ethanol 70%	إيتانول 70%

الجدول 5: المواد الجزيئية المستعملة في التفاعل السلسلي للبوليميراز (PCR)

MgSO₄	كبريتات المغنيزيوم
Buffer 10x	محلول موق 10x
dNTPs	الأسس الآزوتية
Tag DNA Polymerase	إنزيم بلمرة الدنا
Bacterial DNA	الدنا الجرثومي
Distilled Water	ماء مقطر

ومن المواد الداخلة في التفاعل السلسلي للبوليميراز المرئسـات النوعية المميزة للأجناس والأنواع الجرثومية موضوع الدراسة (الجدول 6)، كما استُعملت مواد خاصة بالرحلان الكهربائي (الجدول 7).

الجدول 6: المرئسات النوعية الخاصة بالمورثات الهدف للجراثيم المدروسة.

مرئسات نوعية للمنطقة الوراثية 16S rRNA في *Staphylococcus*
F16S :(5'-GGAATTCAAAGAATTGACGGGGGC-'3) R16S: (5'-CGGGATCCCAGGCCCGGGAACGTATTCAC-'3)
مرئسات نوعية للمورثة *gap* في *Staphylococcus*
FG: (5'- ATGGTTTTGGTAGAATTGGTCGTTTA-'3) RF: (5'-GACATTTCGTTATCATACCAAGCTG-'3)
مرئسات نوعية للمورثة *nuc* في *S. aureus*
FN: (5'- GCGATTGATGGTGATACGGTT-'3) RN: (5'- AGCCAAGCCTTGACGAACTAAAGC-'3)
مرئسات نوعية للمنطقة الوراثية 16S rRNA في *Acinetobacter*
F16S: (5'- TTTAAGCGAGGAGGAGG-'3) R16S: (5'-ATTCTACCATCCATCCTCTCCC-'3)
مرئسات نوعية للمورثة *bla* $_{OXA\text{-}51^{-}like}$ في *A. baumannii*
Fbla: (5'-TAATGCTTTGATCGGCCTTG-'3) Rbla: (5'-TGGATTGCACTTCATCTTGG-'3)

الجدول 7: المواد المستعملة في الرحلان الكهربائي Gel Electrophoresis

هلامة الآغاروز	Agarose Gel
الإيتيديوم برومايد	Ethidium Bromide
محلول موق	Buffer TAE
صبغة التحميل	Loading Dye

1-5- الأدوات والأجهزة Equipments and Tools:

استُعملت مجموعة من الأدوات والأجهزة خلال كافة مراحل العمل في المختبر، مصدرها بعض الشركات مثل شركة Bio-Rad وشركة Eppendorf، بهدف التحري عن الأنواع الجرثومية نوردها كالتالي:

1-5-1- الأدوات Tools:

شملت الأدوات المستعملة اللاقحات الجرثومية، أطباق بتري، صفائح زجاجية، أنابيب اختبار بلاستيكية وأُخرى زجاجية، ماصات دقيقة Micropipette، تيبسات، أنابيب ابندروف بلاستيكية سعة 1مل، أنابيب بلاستيكية خاصة بالتفاعل السلسلي للبوليميراز (الشكل 8).

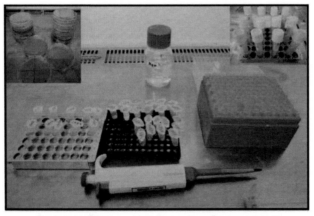

الشكل 8: بعض الأدوات المستعملة في التحري عن الأنواع الجرثومية.

1-5-2- الأجهزة Equipments:

1-2-5-1 حاضنات جرثومية Bacterial Incubators: استُعملت أنواع مختلفة من الحاضنات، حاضنات هوائية Aerobic incubators، جهاز مزج حراري Thermomixer Machin (الشكل 9) وحاضنات هزازة Shaking incubators.

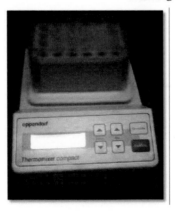

الشكل 9: جهاز مزج حراري

1-5-2-2- أجهزة لعزل الدنا Equipments for DNA Isolation: استُعملت بعض الأجهزة لعزل الدنا (DNA) جهاز لقياس تركيز الدنا Nanodrope (الشكل 10)، مكثفة Concentrator، رجّاجة Vortex، ومثفلة Centrifuge.

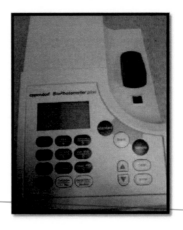

الشكل 10: جهاز لقياس تركيز الـ DNA

1-5-2-3- جهاز التفاعل السلسلي للبوليميراز PCR Equipment: يهدف التفاعل السلسلي للبوليميراز إلى تضخيم نسخة منفردة أو عدد قليل من النسخ لشدفة Fragment من الدنا (DNA) (الشكل 11).

الشكل 11: جهاز التفاعل السلسلي للبوليميراز

1-5-2-4- جهاز الرحلان الكهربائي Gel Electrophoresis Equipment: يعتمد مبدأ عمل الرحلان الكهربائي (الشكل 12)، على فصل شدف الدنا DNA fragments أفقياً ضمن هلامة الآغاروز Agrose Gel.

الشكل 12: جهاز الرحلان الكهربائي

المطياف الماسح المتعدد Multiskan Spectrum: استُعمل المطياف الماسح المتعدد (الشكل 13)، لقياس كثافة النمو الجرثومي (OD) عند دراسة التركيز المثبط الأدنى (MIC) لبعض الصادات الحيوية.

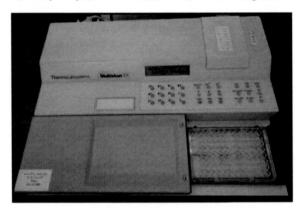

الشكل 13: المطياف الماسح المتعدد

2. الطرائق Methods:

2-1- الاعتيان Sampling:

جُمعت العينات من أربعة مستشفيات في مدينة دمشق (دمشق، التوليد، المواساة، الأطفال الجامعي)، من مصادر مختلفة (بول، دم، مفرزات قصبية، خراجات جلدية، مسحات بلعوم). حيث جُمعت 175 عينة للتحري عن المكورات العنقودية الذهبية و105 عينة للتحري عن الراكدة البومانية، وكان ذلك خلال الفترة الواقعة بين تشرين الثاني 2012 وتموز 2013، وأُجريت التجارب في مختبرات هيئة الطاقة الذرية السورية–قسم التقانة الحيوية والبيولوجيا الجزيئية– دائرة الميكروبيولوجيا والمناعيات ومختبرات كلية العلوم–قسم علم الحياة النباتية، واعتمدت مجموعة من البروتوكولات خلال إجراء التجارب في مراحل العمل المختلفه، إضافة إلى الطرائق الورادة في مؤلف بوميرفيللي (Pommerville, 2001)

2-2- زرع العينات Samples Culture:

زُرعت العينات بدايةً على أوساط سائلة (وسط مرق لوريا LB Broth، وسط المرق المغذي Nutrient Broth) بهدف إكثارها، وبعد حضنها مدة 24 ساعة بالدرجة 37°م أُخذ مقدار 10 ميكروليتر من المزرعة السائلة بوساطة الماصة الدقيقة ليضاف إلى الوسط الصلب (وسط لوريا آغار LB Agar أو وسط الآغار المغذي Nutrient Agar). وبوساطة ماسحة زجاجية فرشت المزرعة السائلة على كامل سطح الوسط الصلب، وتركت لبعض الوقت حتى يتشربها الوسط لتحضن بعد ذلك مدة 24 ساعة بالدرجة 37°م.

2-3- صبغة غرام Gram Stain:

أُجري تلوين عزلات المكورات العنقودية الذهبية والراكدة البومانية بصبغة غرام للتعرف على شكل الخلايا الجرثومية وتوضعها ولونها.

2-4- الزراعة على أوساط انتقائية Culturing on Selective Media:

بعد زرع العينات الجرثومية على أوساط صلبة عامة وتلوينها بصبغة غرام للتعرف على بعض خصائصها الشكلية، زُرعت العينات على أوساط انتقائية كخطوة مهمة في السلم التصنيفي.

2-4-1- المكورات العنقودية الذهبية *S. aureus*:

زُرعت المكورات العنقودية الذهبية على أوساط انتقائية وذلك انطلاقاً من مستعمراتها على الأوساط الصلبة العامة، بأخذ مستعمرة نقية منفردة Individual Pure culture بوساطة لاقحة جرثومية Inoculation Loop وفرشها على كامل سطح الوسط.

2-4-2- الراكدة البومانية *A. baumannii*:

أُخذت مستعمرات نقية منفردة للراكدة البومانية من الأوساط الصلبة العامة بوساطة اللاقحة الجرثومية وفرشت على كامل سطوح الأوساط الانتقائية.

2-5- الاختبارت الحيوية الكيميائية Biochemical Tests:

حُضرت معلقات جرثومية لكافة العزلات (150 عزلة)، حيث أُخذت مستعمرات نقية وحلت بحجم 1 مل محلول موق (PBS) بكثافة تعادل 0.5McFarland. بوساطة الماصة الدقيقة المتعددة Multichannel Micropipette، أخذ حجم 50 ميكروليتراً لكل مستعمرة نقية وأضيف إلى حجم 150 ميكروليتراً لكل كاشف على صفيحة المعايرة الدقيقة، وضعت لصاقات خاصة بالصفائح وحضنت مدة 24 ساعة بالدرجة 37°م، بعد انتهاء فترة الحضن نُزعت اللصاقة وأضيفت بعض الكواشف ومن ثم قراءة النتائج بالاستعانة ببرنامج (ABIS-online) Advanced Bacterial Identification Software على موقع Regnum Prokaryotae.

2-6- عزل الدنا DNA Isolate:

عُزل الدنا بالاعتماد على طريقة السيتيل ثلاثي الأمونيوم-برومايد CTAB Method وفق الخطوات الآتية:

- إضافة مستعمرة نقية إلى 5 مل وسط مرق لوريا LB broth ووضعها في الحاضنة مدة 24 ساعة بالدرجة 37°م.
- تثفيل 3 مل من المستعمرة السائلة بسرعة 14000 دروة بالدقيقة مدة دقيقتين ونقل الرسابة إلى أنبوب بلاستيكي سعة 1 مل.
- إضافة 567 ميكروليتر من المحلول الموقي Tris-EDTA (TE) إلى الرسابة الجرثومية مع المزج جيداً.

- إضافة 30 ميكروليتراً من كبريتات الصوديوم دوديسيل (SDS) مع المزج جيداً.
- إضافة 3 ميكروليتراً من البروتيناز 20 ملغ/مل مع المزج جيداً، ووضع محتوى الأنبوب في جهاز مزج حراري مدة ساعة بالدرجة 37 م°.
- إضافة كلوريد الصوديوم 5 مول 5M NaCl مع المزج جيداً.
- إضافة 80 ميكروليتراً من محلول أستيل ثلاثي أمونيوم-برومايد/ كلوريد الصوديوم مع المزج جيداً ووضع محتوى الأنبوب في جهاز المزج مدة 10 دقائق بالدرجة 65°م.
- إضافة 700 ميكروليتر من مركب الكلورفورم- كحول الإيزوأميل مع المزج جيداً وتثفيل المزيج مدة 5 دقائق.
- نقل المحلول الطافي إلى أنبوب جديد.
- إضافة 600 ميكروليتر من مركب الفينول-كلورفورم- كحول الايزوأميل إلى المحلول في الأنبوب الجديد مع المزج جيداً وتثفيل المزيج مدة 5 دقائق.
- نقل المحلول الطافي إلى أنبوب جديد حيث يشاهد الدنا (DNA) بالعين المجردة في هذه المرحلة على شكل خيوط بيضاء رفيعة جداً.
- إضافة 300 ميكروليتر إيزوبروبانول إلى المحلول الطافي.
- تثفيل المزيج مدة 5 دقائق ويتم التخلص من المحلول الطافي.
- غسل رسابة الدنا (DNA) بإضافة إيثانول 70% مع المزج جيداً ثم التثفل مدة 5 دقائق، بعدها يتم التخلص من المحلول الطافي.
- تجفيف الرسابة بوساطة مكثفة بالدرجة 45°م مدة 10 دقائق، ويعاد تمديدها بإضافة 100 ميكروليتر من المحلول الموقي.
- قراءة تركيز الدنا (DNA) بوساطة جهاز النانودروب Nanodrop وتجهيز تمديدات بتراكيز 100 نانوغرام لكل ميكروليتر (100ng/µl) بهدف تعريف الأنواع الجرثومية.
- يخزن الدنا (DNA) فترات قصيرة بالدرجة (– 20°م) أو فترات طويلة بالدرجة (– 80°م).

2-7- التفاعل السلسلي للبوليميراز PCR:

2-7-1- تحضير العينة Sample Preparation:

تدخل في تحضير العينة الواحدة للتفاعل السلسلي للبوليميراز مجموعة من المواد الكيميائية والجزيئية بأحجام وتراكيز محددة (1.5 ميكروليتر كبريتات المغنزيوم، 2.5 ميكروليتر محلول موق، 0.5 ميكروليتر أسس آزوتية، 0.2 ميكروليتر إنزيم بلمرة الدنا، 2 ميكرروليتر بتركيز 100 نانوغرام/ميكروليتر دنا جرثومي، 1 ميكروليتر بتركيز 10 ميكرومول مرئس أمامي Primer، 1 ميكروليتر بتركيز 10 ميكرومول مرئس عكسي) مع مراعاة مزج محتوى أنبوب التفاعل جيداً بعد كل إضافة لواحدة من هذه المواد، ويكمل الحجم بالماء المقطر إلى 25 ميكروليتر استعداداً لإجراء التفاعل (الشكل 14).

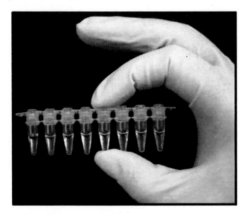

الشكل 14: العينات حال وضعها في جهاز التفاعل.

2-7-2- خطوات التفاعل السلسلي للبوليميراز Steps of PCR:

توضع العينة بعد تحضيرها في الجهاز المخصص لإجراء التفاعل وفق الآتي:

- خطوة التهيئة Initialization Step: في هذه الخطوة ترفع درجة حرارة العينة بالتسخين إلى 94-95°م مدة 5- 10 دقائق.
- خطوة تمسخ الدنا DNA Denaturation Step: تعد هذه الخطوة الأولى عملياً في التفاعل حيث يُحافظ على درجة حرارة العينة بين 94-95°م مدة 30-60 ثانية يتم خلالها فك الروابط الهيدروجينية بين الأسس الآزوتية للحصول على سلسلتين منفردتين للدنا Two Single-Stranded DNA.

❖ خطوة تشافع الدنا DNA Annealing Step: تُخفض درجة الحرارة حتى 50-65°م بهدف ربط المرئسات إلى سلسلتي الدنا (DNA) المنفردتين حيث تعمل شوارد المغنزيوم Mg^{++} في هذه الخطوة على رفع كفاءة عملية الارتباط.

❖ خطوة استطالة الدنا DNA Extension Step: تضبط درجة الحرارة في هذه الخطوة على 72°م مدة 30-60 ثانية، حيث يعمل إنزيم بلمرة الدنا Tag DNA Polymerase على تخليق سلسلة دنا جديدة على قالب سلسلة الدنا الأصلية DNA Template Stranded بوجود الأسس الآزوتية (dNTPs) ابتداءً من النهاية '5 باتجاه النهاية '3.

❖ خطوة الاستطالة النهائية Extension Step: ضرورية لضمان حصول استطالة لكامل سلسة الدنا المنفردة وتستمر مدة 5-10 دقائق بالدرجة 72°م.

2-8- الرحلان الكهربائي Gel Electrophoresis:

بعد إجراء التفاعل السلسلي للبوليميراز توضع العينة على جهاز الرحلان الكهربائي الذي يعمل وفق الآتي (ملاحظة: تستعمل القفازات في جميع مراحل العمل لوجود مركبات سامة):

- تحضير هلامة الآغاروز Agarose Gel Preparation: بإضافة 1.5 غرام آغاروز لكل 100 مل محلول موق ضمن عبوة زجاجية مع المزج جيدًا وتوضع في الحمام المائي بالدرجة 65°م مع التحريك بلطف حتى زوال جميع بلورات الآغاروز.
- تحضير قالب هلامة الآغاروز Agarose Gel Template Preparation: تترك هلامة الآغاروز لتبرد قليلاً ثم يصب 25-30 مل في قالب الصب وتضاف بضع قطرات من مركب الإيتيديوم برومايد مع المزج جيداً، ويوضع مشط خاص Special Comb ضمن الهلامة لعمل آبار، وتترك بعدها مدة 15 دقيقة لتتصلب.
- إضافة صبغة التحميل إلى عينة الدنا Add Loading Dye To DNA Sample: باستعمال الماصة الدقيقة يضاف 2-3 ميكروليتر من صبغة التحميل Loading Dye 6X (يدخل في تركيبها أزرق البروموفينول، السيانول أكزينل، 40% من السكروز أو الغليسرول) إلى كل عينة من عينات الدنا بهدف جعلها أكثر كثافة مما يسمح لها بالرحلان إلى أسفل البئر في هلامة

الآغاروز، كما تعطي صبغة التحميل المظهر المفلور Fluorescent View لعصائب الدنا (DNA) عند تعرضها للأشعة فوق البنفسجية Ultra Violet.

- بدء الرحلان الكهربائي Gel Electrophoresis Start: بعد أن يصبح قالب الهلامة جاهزاً يوضع على جهاز الرحلان الكهربائي حيث تكون الآبار في الطرف القريب من القطب السالب. يغمر القالب بالمحلول الموقي، باستعمال الماصة الدقيقة يوضع في البئر الأول 5 مل واسمة دنا عيارية DNA Marker ويوضع في البئر الأخير وقبل الأخير 10 مل لكل من الشاهد السلبي (ماء مقطر + مرئسات) والشاهد الإيجابي (دنا لعزلة عيارية + مرئسات) على الترتيب ويؤخذ 10 مل من كل عينة من عينات الدنا (DNA) ليوضع في البئر الخاص بكل عينة.
- قراءة النتائج Results Reading: تفصل شدف الدنا بالاعتماد على حجمها من خلال رحلانها ضمن هلامة الآغاروز، حيث ترتبط مع مركب الإيتيديوم برومايد مشكلة عصائب. يؤخذ القالب بعناية ويوضع في جهاز مزود بالأشعة فوق البنفسجية (UV) وموصول بالحاسوب مزود بدوره ببرمجيات خاصة، تمكن من قراءة أحجام العصائب بمقارنتها مع واسمة الدنا.

2-9- اختبارات حساسية الصادات الحيوية Antibiotic Susceptibility Tests:

استُعملت مجموعة واسعة من الصادات الحيوية لمعرفة مدى حساسية الأنواع الجرثومية تجاهها:

2-9-1- طريقة الانتشار القرصي Disc Diffusion Method:

حل 3-5 مستعمرات نقية للنوع الجرثومي المدروس في أنبوب 1 مل يحتوي على وسط سائل (LB Broth)، للحصول على مستعمرة سائلة بتركيز 0.5 McFarland (1.5×10^8 CFU/ml). ثم تغمر ماسحة قطنية في المستعمرة السائلة وتفرش على كامل سطح الوسط الصلب (LB Agar)، يترك الوسط قليلاً حتى يتشرب، وبعدها توزع أقراص الصادات الحيوية ذات القطر 6 ملم على كامل سطح الوسط وبشكل يمنع تداخل هالات التثبيط، وتقرأ النتائج بالاستعانة بطريقة عيارية تعرف باللجنة الوطنية للمختبرات السريرية المعيارية National Committee For Clinical Laboratory Standards (NCCLS) والتي تعتمد وحدة قياس المليمتر لتحديد أقطار هالات التثبيط، وبناءً عليه تصنف الجراثيم على أنها مقاومة Resistant بقطر أقل من 10 ملم لهالة تثبيط أو متوسطة المقاومة Intermediate بقطر بين 10-15 ملم أو حساسة Sensitive بقطر أكبر من 15 ملم.

2-9-2- طريقة التمديد Dilution Method:

يوزع 50 ميكروليتراً معلق جرثومي في كل بئر ضمن صفائح المعايرة الدقيقة، ويترك العمود الأول في الصفيحة كشاهد إيجابي (معلق جرثومي فقط) والعمود الأخير شاهد سلبي (وسط زرع فقط)، ثم يوزع 50 ميكروليتراً من كل صاد حيوي (12 صاداً حيوياً) انطلاقاً من التركيز 256 ملغ/مل في الصف الأول من الآبار التي تحمل الأرقام من (1-12) على الصفيحة ليصبح تركيز الصادات الحيوية في هذه الآبار يساوي إلى 128ملغ/مل، بعدها يتم عمل تمديدات لكل صاد حيوي ليتناقص التركيز إلى النصف في كل مرة عند الانتقال من كل صف إلى الصف الذي يليه وذلك اعتماداً على طريقة اللجنة الوطنية للمختبرات السريرية المعيارية (NCCLS)، وتقرأ نتائج التركيز المثبط الأدنى بوساطة المطياف الماسح المتعدد بالاستعانة ببرامج خاصة على الحاسوب.

الفصل الثالث
النتائج والمناقشة

1. نتائج زرع الجراثيم Bacteria Culturing Results:

1-1- المكورات العنقودية الذهبية *S. aureus*:

أظهرت نتائج الزرع أن مستعمرات المكورات العنقودية الذهبية دائرية، ملساء، محدبة، ذات حواف كاملة، صفراء أو ذهبية اللون (الشكل 15) وتتفق نتائج هذه الدراسة مع ما توصل إليه الباحثون في دراسات مشابهة (Pelisser *et al*., 2009).

1-2- الراكدة البومانية *A. baumannii*:

أظهرت نتائج الزرع أن مستعمراتها دائرية، ملساء، مخاطية، محدبة، ذات حواف كاملة، تتدرج ألوان مستعمراتها من الأبيض إلى الرمادي أو الأصفر الباهت (الشكل 16)، وتتطابق نتائج الزرع في هذه الدراسة مع نتائج دراسة أجريت على الراكدة البومانية المعزولة من القثاطر لدى بعض المرضى الخاضعين لعمليات جراحية في فرنسا (Kempf *et al*., 2012).

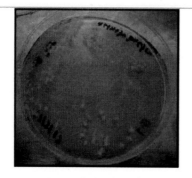

الشكل 15: المكورات العنقودية الذهبية *S. aureus* على وسط LB agar.

الشكل 16: الراكدة البومانية *A. baumannii* على وسط LB agar.

2. نتائج التلوين بصبغة غرام Gram Stain Results:

2-1- المكورات العنقودية الذهبية *S. aureus*:

أظهرت نتائج التلوين بصبغة غرام لعزلات المكورات العنقودية الذهبية المأخوذة من مستعمرات نقية، أن خلاياها موجبة بصبغة غرام، تتوضع بتجمعات تأخذ شكل عناقيد العنب غالباً، كما تظهر بشكل خلايا مفردة أو في ثنائيات أو رباعيات (الشكل 17)، ويتطابق ذلك مع نتائج الباحث كانيدا Kaneda (Kaneda, 1997)، في دراسته لبعض الخصائص عند المكورات العنقودية الذهبية.

2-2- الراكدة البومانية *A. baumannii*:

أظهرت نتائج التلوين بصبغة غرام لعزلات الراكدة البومانية أن خلاياها سالبة بصبغة غرام، تأخذ الشكل العصوي المكور، وتتوضع فرادى أو بشكل ثنائيات أو في سلاسل قصيرة (الشكل 18)، وتتفق نتائج هذه الدراسة مع ماتوصل إليه الباحث تجوا وزملائه (Tjoa *et al.*, 2013)، في دراستهم على بعض عزلات الراكدة البومانية المسببة لتجرثم الدم.

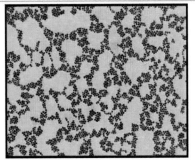

الشكل 17: شكل ولون خلايا المكورات العنقودية الذهبية *S. aureus* تحت المجهر.

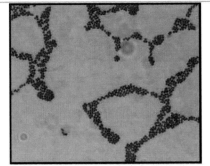

الشكل 18: شكل ولون خلايا الراكدة البومانية *A. baumannii* تحت المجهر.

3. نتائج الزراعة على أوساط انتقائية Culturing Results on Selective Media:

3-1- المكورات العنقودية الذهبية *S. aureus*:

أظهرت النتائج قدرة هذه الجراثيم على النمو ضمن شروط وسط المانيتول (تصل درجة ملوحته إلى 7.5% ويحتوي في تركيبه على مشعر أحمر الفينول) حيث تأخذ مستعمراتها اللون الأصفر نتيجة لإفرازها لبعض المستقلبات كالحموض التي تخفض قيمة pH الوسط وبالتالي يتغير لون المشعر إلى اللون الأصفر (الشكل 19). كما أظهرت النتائج أن المستعمرات تأخذ اللون الرمادي على وسط الآغار المدمى وتحل الدم من النمط بيتا (الشكل 20).

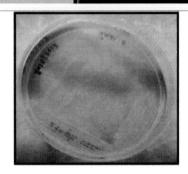

الشكل 19: مستعمرات المكورات العنقودية الذهبية *S. aureus* على وسط المانيتول.

الشكل 20: مستعمرات المكورات العنقودية الذهبية *S. aureus* على وسط الآغار المدمى.

بينما أظهرت الأنواع الأخرى الممرضة من المكورات العنقودية عدم قدرتها على تخمير سكر المانيتول وبالتالي لم يتغير لون الوسط (الشكل 21) كما أنها تحل الدم من النمط ألفا (الشكل 22)، وتظهر دراسات أجريت على عدة أنواع جرثومية تنتمي إلى جنس المكورات العنقودية، أن وحدها المكورات العنقودية الذهبية قادرة على النمو على وسط المانيتول (MSA)، كما أنها تنفرد من بين جميع الأنواع الممرضة بخاصية حل الدم من النمط بيتا (Abd El-Hamid *et al.*, 2013)، ويتفق ذلك مع نتائج هذه الدراسة.

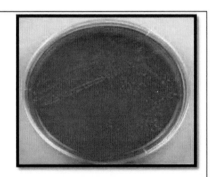

الشكل 21: مستعمرات أنواع ممرضة أخرى من المكورات العنقودية على وسط المانيتول.

الشكل 22: مستعمرات أنواع ممرضة أخرى من المكورات العنقودية على وسط الآغار المدمى.

3-2- الراكدة البومانية *A. baumannii*:

أظهرت نتائج الزرع أن مستعمرات هذه الجراثيم تأخذ عادةً لون الوسط نفسه، كونها لا تخمر أغلب السكاكر. فعند زراعة الراكدة البومانية على وسط الهيريلا آغار، أظهرت نتائج الزرع أن مستعمراتها تأخذ اللون الأرجواني، لا تخمر السكاكر التي يحويها الوسط (سكر المالتوز، سكر اللاكتوز) ولا تنتج الحمض، لذا لا يتغير لون مشعر البروموكريزول البنفسجي، وبالتالي أخذت مستعمرات الراكدة البومانية لون الوسط نفسه (الشكل 23)، وإن الجراثيم السالبة بصبغة غرام التي عزلت من العينات السريرية كالايشريشيا القولونية *E.coli*، شكلت مستعمرات صفراء اللون عند زراعتها على وسط الهيريلا آغار، وخمرت السكاكر التي يحويها الوسط وبالتالي زادت قيمة pH وتغير لون البروموكريزول إلى اللون الأصفر (الشكل 24).

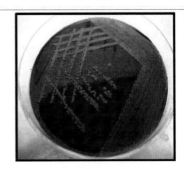

الشكل 23: الراكدة البومانية *A. baumannii* على وسط الهيريلا آغار Herellea Agar.

الشكل 24: الإيشريشيا القولونية *E. coli* على وسط الهيريلا آغار Herellea Agar.

أظهرت نتائج الزرع أن مستعمرات الراكدة البومانية تأخذ اللون الأحمر الباهت، لا تخمر السكاكر الموجودة في وسط الراكدة (LAM) (الفركتوز، السكروز، المانيتول)، لا تنتج الحموض وأخذت مستعمراتها لون الوسط نفسه (الشكل 25). وتبين أن مستعمراتها على وسط الإيوزين-أزرق المتيلين (EMB) لاتخمر سكر الغلوكوز وتأخذ اللون الأزرق الشاحب أو الرمادي (الشكل 26)، وتبين الأبحاث أن أوساط الإيوزين-أزرق المتيلين (EMB)، الهيريلا آغار والماكونكي آغار، تعد من الأوساط المهمة عند التحري عن هذا النوع الجرثومي (Ajao *et al.*, 2011)، وأن وسط الراكدة يعد أكثر هذه الأوساط نوعية.

الشكل 25: الراكدة البومانية *A. baumannii* على وسط LAM.

الشكل 26: الراكدة البومانية *A. baumannii* على وسط EMB.

ويوضح الجدول 8 بعض الخصائص الزرعية والشكلية للمكورات العنقودية الذهبية والراكدة البومانية.

الجدول 8: بعض الخصائص الزرعية والشكلية للمكورات العنقودية الذهبية والراكدة البومانية

النوع	شكل المستعمرة على وسط (LB)	صبغة غرام	الأوساط الانتقائية
المكورات العنقودية الذهبية	محدبة، ملساء، بحواف كاملة، تتدرج ألوانها من الأصفر إلى الذهبي.	خلاياها كروية، تتوضع كعناقيد العنب، بنفسجية اللون.	وسط المانيتول (MSA) ووسط الآغار المدمى.
الراكدة البومانية	محدبة، ملساء، مخاطية، بحواف كاملة، تتدرج ألوانها من الأبيض إلى الرمادي.	خلاياها عصوية مكورة، تتوضع في سلاسل، حمراء اللون.	وسط الهيريلا، وسط الراكدة (LAM) ووسط الإيوزين-أزرق المتيلين.

4. نتائج الاعتيان Sampling Results:

1-4- المكورات العنقودية الذهبية S. aureus:

أظهرت نتائج الزرع أن 90 عزلة كانت إيجابية عند زرعها على الأوساط الانتقائية للمكورات العنقودية الذهبية، ويظهر الجدول 9 والشكل 27 توزعها في العينات السريرية المختلفة (دم، بول، مفرزات قصبية، خراجات جلدية، مسحات بلعوم).

الجدول 9: عدد ونسب عزلات المكورات العنقودية الذهبية S. aureus في العينات السريرية

مصدر العينة											
مسحات بلعوم		خراجات جلدية		مفرزات قصبية		بول		دم		الإجمالي	المستشفى
%	العدد	%	العدد	%	العدد	%	العدد	%	العدد		
30.4	7	13.1	3	17.4	4	21.7	5	17.4	4	23	دمشق
0	0	0	0	0	0	100	9	0	0	9	التوليد
33.3	11	9.1	3	18.2	6	21.2	7	18.2	6	33	المواساة
20	5	8	2	28	7	12	3	32	8	25	الأطفال الجامعي

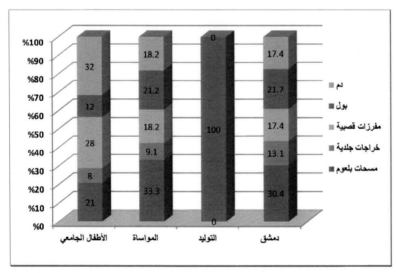

الشكل 27: النسب المئوية لعزلات المكورات العنقودية الذهبية S.aureus في العينات السريرية

4-2- الراكدة البومانية *A. baumannii*:

أظهرت النتائج أن 60 عزلة كانت إيجابية عند زرعها على الأوساط الانتقائية للراكدة، وكانت النسبة المئوية الأعلى للعزلات المأخوذة من المفرزات القصبية (30%) تأتي بعدها العزلات المأخوذة من عينات الـدم والبول بـذات النسبة (20%) ثم العزلات المأخوذة من السائل الـدماغي الشوكي بنسبة (16.7%)، وأخيراً العزلات المأخوذة من الخراجات الجلدية بنسبة مئوية (13.3%)، (الجـدول 10) و(الشكل 28).

الجدول 10: النسب المئوية لعزلات الراكدة البومانية *A. baumannii* المأخوذة من مستشفى الأطفال الجامعي

الإجمالي	مصدر العينة									
	مفرزات قصبية		دم		بول		سائل دماغي شوكي		خراجات جلدية	
العدد	العدد	%	العدد	%	العدد	%	العدد	%	العدد	%
60	18	30	12	20	12	20	10	16.7	8	13.3

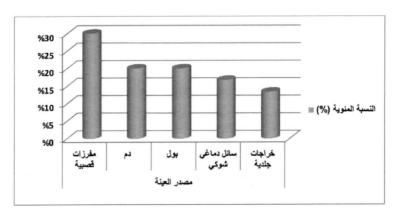

الشكل 28: النسب المئوية لعزلات الراكدة البومانية *A. baumannii* المأخوذة من مستشفى الأطفال الجامعي

5. نتائج الاختبارات الحيوية الكيميائية Biochemical Tests:

5-1- المكورات العنقودية الذهبية S. aureus:

أظهرت نتائج مجموعة من الاختبارات الحيوية الكيميائية المميزة للمكورات العنقودية الذهبية أن هذه الجراثيم موجبة الكاتلاز، سالبة الأوكسيداز، مرجعة للنترات وتخمر بعض السكاكر مثل المانيتول، المانوز، اللاكتوز والغلوكوز، وقد تمت قراءة النتائج من خلال ملاحظة تغير ألوان الكواشف الكيميائية على صفائح المعايرة الدقيقة (الشكل 29)، ويتفق ذلك مع ما توصل إليه الباحثون (Rohinishree and Negi, 2011)

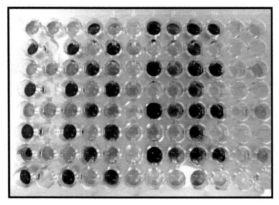

الشكل 29: الكواشف الكيميائية المميزة للمكورات العنقودية الذهبية على صفيحة المعايرة الدقيقة.

كانت نتائج الاختبارات الحيوية الكيميائية متطابقة غالباً لدى جميع عزلات المكورات العنقودية الذهبية، وكانت موجبة لاختبار اليوريا وأبدت معظم العزلات قدرتها على حل الجيلاتين (الجدول 11). ويتفق ذلك مع ماتوصل إليه باحثون آخرون (Chakraborty et al., 2011).

وإن استعمال الاختبارات الحيوية الكيميائية لتعريف الأنواع الجرثومية يعد من المعايير التصنيفية المهمة، حيث يعتمد مبدأ عملها على تغير ألوان الكواشف الكيميائية تحت تأثير المستقلبات Metabolites التي تفرز نتيجةً للنشاط الجرثومي ضمن هذه الأوساط الكيميائية التي تحتوي عادةً على مصادر للطاقة والكربون (Jung et al., 2010).

الجدول 11: نتائج الاختبارات الحيوية الكيميائية المميزة للمكورات العنقودية الذهبية ***S. aureus***.

Biochemical test	Negative & Positive	Biochemical test	Negative & Positive
Nitrate reduction	+	Acid production form	
Arginine dihydrolase	+	Inositol	-
Lysine decarboxylase	+	Cellobiose	-
Ornithine decarboxylase	-	L-arabinose	-
Catalase	+	Glycerol	-
Tsi	+	Glucose	+
Oxidase	-	Lactose	+
Indole	-	Mannitol	+
Citrate	-	Maltose	+
Gelatin	v	D-mannose	+
Urea	+	Raffinose	-
Esculin	-	D-sorbitol	-
Coagulase	+	Trehalose	+
		D-xylose	-

حيث: (+): الاختبار إيجابي Positive، (-): الاختبار سلبي Negative، (V) الاختبار متغير Variable

وتبين أن هذه الجراثيم غير متحركة وموجبة لاختبار المخثراز، وقد أوضح التحري عن مدى انتشار المكورات العنقودية الذهبية المحمولة بالسوائل الأنفية بين العاملين في الرعاية الصحية في المستشفيات الإيرانية، من خلال استعمال بعض الاختبارات المميزة لهذة الجراثيم أن جميع العزلات موجبة لاختبار المخثراز (Askarian *et al.*, 2009)، وهذا يتفق مع النتائج التي توصلت إليها هذه الدراسة. بعد ذلك تمت مطابقة نتائج الاختبارات الحيوية الكيميائية بوساطة برنامج ABIS online، حيث تحمل النتائج على هذا البرنامج ليصار إلى معالجتها ومعرفة النوع أو السلالة الجرثومية المدروسة وتظهر النتائج المعالجة في هيئة نسب مئوية، ويوصي البرنامج باعتماد النسبة الأعلى (الجدول 12).

الجدول 12: النتائج الحيوية الكيميائية للمكورات العنقودية الذهبية *S. aureus* بعد معالجتها بوساطة برنامج ABIS online

Strain name					
Test	Negative	Positive	Test	Negative	Positive
Diameter> 5mm in 48 hours	x	x	Catalase		•
Carotenoid pigment		•	Oxidase	•	
Aerobic growth		•	Acid production form		
Anaerobic growth		•	Arabinose	•	
Growth at 15°C	x	x	Cellobiose	•	
Growth at 45°C	x	x	Fructose	x	x
Motality	•		Fucose	x	x
Hemolysis		•	Galactose	x	x
Growth on 10% NaCl agar		•	Glucose		
Growth on 15% NaCl agar		•	Glycerol	•	
Nitrates reduction		•	Lactose		•
Acetoin production (VP)	x	x	Maltose		•
Alkaline phosphatase (PAL)	x	x	Mannitol		•
Arginine dihydrolase (ADH)		•	Mannose		
Urease		•	Melezitose	x	x
Hyaluronidase	x	x	Raffinose	•	
Growth on (NH₄)₂SO₄	x	x	Ribose	x	x
Coagulase-rabbit plasma		•	Salicin	x	x
Clumping factor	x	x	Sucrose	x	x
Fibrinolysin	x	x	Trehalose		•
Deoxyribonuclease agar	x	x	Turanose	x	x
Heat-stable nuclease	x	x	Xylitol	x	x
Esculinase	•		Xylose	•	
Beta-Glucuronidase	x	x	L-Lactic acid	x	x
Beta-Galactosidase (ONPG)	x	x	D-Lactic acid	x	x

حيث: (•): الاختبار إيجابي Positive أو سلبي Negative، (x): لايوجد اختبار

وبعد تحميل نتائج الاختبارات الحيوية الكيميائية على البرنامج لمعالجتها، فإن نتائج المطابقة تؤكد أن النوع المدروس هو المكورات العنقودية الذهبية بنسبة (91%) في حين حصلت أنواع أخرى من المكورات العنقودية على نسب أقل (الجدول 13).

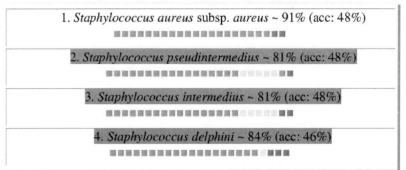

الجدول 13: النسب المئوية للمكورات العنقودية بعد معالجتها بوساطة برنامج ABIS online

1. *Staphylococcus aureus* subsp. *aureus* ~ 91% (acc: 48%)
2. *Staphylococcus pseudintermedius* ~ 81% (acc: 48%)
3. *Staphylococcus intermedius* ~ 81% (acc: 48%)
4. *Staphylococcus delphini* ~ 84% (acc: 46%)

5-2- الراكدة البومانية *A. baumannii*:

أظهرت النتائج أن عزلات الراكدة البومانية موجبة الكاتلاز، سالبة الأوكسيداز، غير مرجعة للنترات، تخمر سكر الغلوكوز ولا تخمر معظم السكاكر الأخرى مثل، المانيتول، المالتوز، المانوز، الرافينوز، السكاروز وغيرها، وقد تمت قراءة النتائج من خلال ملاحظة تغير ألوان الكواشف الكيميائية على صفائح المعايرة الدقيقة (الشكل 30) ويتفق ذلك مع نتائج الأبحاث الأخرى (Kamalbeik *et al.*, 2014)

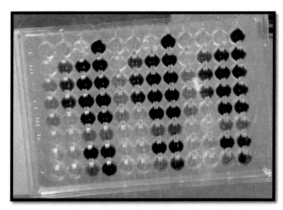

الشكل 30: الكواشف الكيميائية المميزة للراكدة البومانية على صفيحة المعايرة الدقيقة

وقد أظهرت النتائج أن هذه الجراثيم غير متحركة وتستطيع النمو في درجة حرارة 44°م مما يميزها من الأنواع الأخرى التابعة لجنس الراكدة. كما أظهرت النتائج أن عزلات الراكدة البومانية سالبة لاختبار

الإنـدول، لا تنـتج اليوريـا، سـالبة لاختبـار حمـرة الميثيـل، لا تميـع الجيلاتـين، سـالبة لاختبـار الفـوكس بروسكاور، موجبة لاختبار السيترات، وتفكك الحمضين الأمينيين: الأرجينين Argenin والليزين Lysine (الجدول 14)، ويتفق ذلك مع نتائج الأبحاث الأخرى (Kamalbeik *et al.*, 2014).

الجدول 14: الاختبارات الحيوية الكيميائية المميزة للراكدة البومانية *A. baumannii*

Biochemical test	Negative & Positive	Biochemical test	Negative & Positive
Nitrate reduction	-	Acid production form	
Arginine dihydrolase	+	Inositol	-
Lysine decarboxylase	+	Cellobiose	-
Catalase	+	L-arabinose	-
Tsi	-	Glycerol	-
Oxidase	-	Glucose	+
Indole	-	Lactose	-
Citrate	+	Mannitol	-
Gelatin	-	Maltose	-
Urea	-	D-mannose	-
Esculin	-	Raffinose	-
Jordan	-	D-sorbitol	-
MR	-	Trehalose	-
VP	-	D-xylose	-
Phy-ala-deam	+	Sucrose	-
Acitate	+	Dulcitol	-

حيث: (–) الاختبار إيجابي Positive، (+) الاختبار سلبي Negative

وقـد تمـت مطابقـة نتـائج الاختبـارات الحيويـة الكيميائيـة للراكـدة البومانيـة بوسـاطة برنـامج ABIS online. ليصار إلى معالجتها وتحديد النوع أو السلالة الجرثومية المدروسة (الجدول 15).

الجدول 15: النتائج الحيوية الكيميائية للراكدة البومانية *A. baumannii* بعد معالجتها بوساطة برنامج ABIS online

	Strain name				
Test	Negative	Positive	Test	Negative	Positive
Motility	•		___	___	___
Hemolysis	•		___	___	___
Fluorecent Pigment		•	Utilization of		
Non- Fluorecent Pigment	•		Arabinose	•	
Growth at 4°C	x	x	Cellobiose	•	
Growth at 41°C		•	Fructose	x	x
Growth on MacConkey Agar		•	Fucose	x	x
Arginine dihydrolase(ADH)		•	Galactose	x	x
Alkaline phosphatase(PAL)		•	Glucose		•
H₂S Production	•		Glycerol	•	
Nitrates reduction	•		Lactose		
Indole Production	•		Maltose		
Citrate		•	Mannitol		
Lecithinase	x	x	Mannose		
Lysine Decarboxylase(LDS)		•	Melezitose	x	x
Ornithine Decarboxylase		•	Raffinose	•	
Beta-Galactosidase(ONPG)	x	x	Ribose	x	x
Esculin Hydrolysis	•		Salicin	x	x
Gelatin Hydrolysis	•		Sucrose	•	
Starch Hydrolysis	x	x	Trehalose	•	
Urea Hydrolysis	•		Sorbitol	•	
Catalase		•	Dulcitol	•	
Oxidase	•		Xylose	•	

حيث: (•): الاختبار إيجابي Positive أو سلبي Negative، (x): لايوجد اختبار

بعد ادخال نتائج الاختبارات الحيوية الكيميائية لهذه الدراسة على برنامج ABIS online، أظهرت المطابقة حصول عزلات الراكدة البومانية على نسبة 78%، كما حصل النوعان *A.calcoaceticus* و *A. junii* على النسبة ذاتها، وأخذ النوع *A. johnsonii* نسبة 77% (الجدول 16).

الجدول 16: النسب المئوية للراكدة بعد معالجتها بوساطة برنامج ABIS online

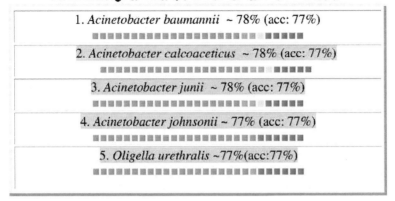

1. *Acinetobacter baumannii* ~ 78% (acc: 77%)

2. *Acinetobacter calcoaceticus* ~ 78% (acc: 77%)

3. *Acinetobacter junii* ~ 78% (acc: 77%)

4. *Acinetobacter johnsonii* ~ 77% (acc: 77%)

5. *Oligella urethralis* ~77%(acc:77%)

ولما كان النوع *A. baumanni* هو النوع الوحيد من بين كل الأنواع التابعة لجنس الراكدة القادر على النمو بدرجة حرارة 44°م، فإنه من المرجح كون النوع المدروس هو الراكدة البومانية، وفيما يلي نورد مقارنه بين النوعين المدروسين لأهم نتائج الاختبارات الحيوية الكيميائية التي تعكس قدرة الجراثيم على استقلاب بعض المركبات، كالسكاكر والحموض الأمنية وغيرها ضمن أوساط من الكواشف الكيميائية (الجدول 17).

الجدول 17: بعض الصفات الحيوية الكيميائية للمكورات العنقودية الذهبية والراكدة البومانية

Biochemical Tests	Species	
	S. aureus	*A. baumannii*
Nitrate reduction	+	_
Arginine dihydrolase	+	+
Lysine decarboxylase	+	+
Catalase	+	+
Oxidase	_	
Indole	_	
Citrate	_	+
Gelatin	V	
Urea	+	_
Inositol	_	
Cellobiose	_	
L-arabinose	_	_

Biochemical Tests	Species	
	S. aureus	*A. baumannii*
Glycerol	−	−
Glucose	+	+
Lactose	+	−
Mannitol	+	−
Maltose	+	−

حيث: (+) الاختبار إيجابي Positive، (−) الاختبار سلبي Negative، (V) الاختبار متغير Variable

6. النتائج الجزيئية Molecular Results:

6−1− المكورات العنقودية الذهبية *S. aureus*:

تم في هذه الدراسة العمل على استهداف المنطقة الوراثية 16S rRNA، المورثة *gap* والمورثة *nuc* عند المكورات العنقودية الذهبية. بعد ذلك أجري الرحلان الكهربائي لكل عينة من عينات التفاعل، وفيما يلي تفصيل للنتائج الجزيئية.

6−1−1− المنطقة الوراثية 16S rRNA:

تأتي أهمية المنطقة الوراثية 16S rRNA عند الجراثيم من كون وجودها على شكل عدة نسخ Multiple Copies ضمن الحبيبات الريبوزومية في كل خلية جرثومية، مما يعطيها نوعية وحساسية عالية عند الكشف والتحري عن الأنواع والسلالات الجرثومية، كما تبقى الجراثيم محتفظة وبدرجة عالية على جميع التسلسلات النكليوتيدية للمنطقة الوراثية 16S rRNA في جميع مراحل تطور الخلية الجرثومية، وفي هذه الدراسة جرى تصميم مرئسات نوعية خاصة بالمنطقة 16S rRNA عند جنس المكورات العنقودية بهدف التعرف على هوية هذه الجراثيم.

يتألف المرئس الأمامي Forward Primer من 24 نكليوتيداً، ويأخذ شكل التسلسل التالي: F16S: (5'- GGAATTCAAAGAATTGACGGGGGC -'3)، ويتألف المرئس العكسي Reverse Primer من 29 نكليوتيداً، ويحمل التسلسل التالي: R16S: (5'- CGGGATCCCAGG CCCGGGAACGTATTCAC -'3)، وبعد عزل الدنا (DNA) الجرثومي والحصول علية نقياً، جرى تحضير أنبوب تفاعل لكل عزلة من العزلات الـ 90 للمكورات العنقودية الذهبية من جميع المواد الداخلة بالتفاعل بما فيها المرئسات النوعية (1.5µl MgSo₄, 2.5µl Buffer 10X, 0.5µl dNTPs,

0.2μl Tag, 2μl DNA"100ng/μl", 2μl Primer وأكمل الحجم بالماء إلى 25 ميكروليتر ليوضع أنبوب التفاعل في جهاز التفاعل السلسلي للبوليميراز. بعد ذلك أضيفت صبغة التحميل لعينات التفاعل ورحلت بوساطة جهاز الرحلان الكهربائي لتفصل شدف الدنا ضمن هلامة الآغاروز ليصار إلى معالجتها بوساطة الأشعة فوق البنفسجية (UV)، حيث تظهر عصائب الدنا (DNA) بيضاء تتوزع على خلفية سوداء بناءً على حجمها.

أظهرت النتائج أن عصائب المنطقة الوراثية 16S rRNA عند عزلات جنس المكورات العنقودية تأخذ الطول 479 شفعاً للأسس الآزوتية (479 base pair) مقارنة بواسمة عيارية للدنا (DNA) (الشكل 31).

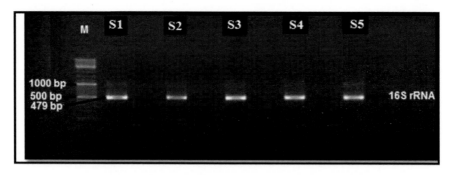

الشكل 31: عصائب الدنا (DNA) للمنطقة الوراثية 16S rRNA بطول (479 bp) عند المكورات العنقودية، حيث: (1-5) S عزلات المكورات العنقودية، (M): واسمة الدنا DNA Marker

أظهرت نتائج مجموعة من الباحثين (Geha et al., 1994) أن المنطقة الوراثية 16S rRNA عند جميع عزلات هذا الجنس تأخذ الطول 479 شفعاً للأسس الآزوتية (479 bp)، بما يتوافق ونتائج هذه الدراسة، وتشير دراسة أجريت في فلندا على المكورات العنقودية إلى أن المنطقة الوراثية 16S rRNA تعد منطقة وراثية محافظة Housekeeping، ويمكن الاعتماد عليها عند التحري عن هذا الجنس (Taponen et al., 2012).

6-1-2- المورثة gap:

تُرمز المورثة gap لإنزيم جداري مميز للمكورات العنقودية يدعى الغليسر الـدهيد-فـوسفات- ديهيدروجيناز glyceraldehydes-phosphate-dehydrogenase (gap)، وهو بروتين وظيفي ناقل للحديد يتوضع على الجدار الخلوي للخلية الجرثومية، ومن هنا تأتي أهمية التحري عن المورثة gap

بوساطة الطرائق الجزيئية كالتفاعل السلسلي للبوليميراز (PCR) عند الكشف عن المكورات العنقودية أو بعض أنواعها.

وفي هذه الدراسة صممت مرئسات نوعية بالمورثة *gap* للكشف عن المكورات العنقودية، المرئس الأمامي بطول 26 نكليوتيداً، ويأخذ التسلسل التالي: FG: (5'- ATGGTTTTGGTAGAATTGG TCGTTTA -3')، والمرئس العكسي بطول 25 نكليوتيداً، ويأخذ التسلسل التالي: RF: (5'- GACA TTTCG TTATCATACCAAGCTG -3').

أظهرت النتائج أن شدف الدنا الناتجة عن تضخيم المورثة *gap* تأخذ الطول 933 شفعاً للأسس الآزوتية (933 bp) مقارنة بواسمة الدنا (DNA) (الشكل 32).

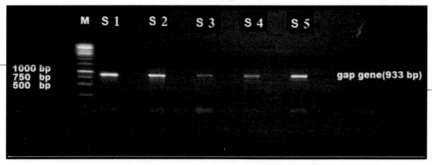

الشكل 32: عصائب الدنا (DNA) للمورثة *gap* بطول (933 bp) عند المكورات العنقودية
حيث: (1-5) S عزلات المكورات العنقودية، (M): واسمة الدنا DNA Marker

وفي دراسة أجراها مجموعة من الباحثين (Ghebremedhin *et al.*, 2008)، على المكورات العنقودية، أظهرت النتائج أن 27 نوعاً من هذه الجراثيم يرمز لإنزيم الغليسرالدهيد-فوسفات-ديهيدروجيناز (gap)، وخلصت الدراسة إلى أن المورثة *gap* ومناطق وراثية ومورثات أخرى (16S rRNA، *hsp 60*، *rpoB*) تعد أهدافاً وراثية مهمة يُعتد بها عند التحري عن المكورات العنقودية *Staphylococcus*، وأن عصائب المورثة *gap* تأخذ الطول 931 شفعاً للأسس الآزوتية تقريباً (931bp)، إي أن المورثة *gap* كانت معياراً مشتركاً بين البحثين في تعريف المكورات العنقودية، كما أن طول عصائب الدنا (DNA) للمورثة *gap* كان متساوياً تقريباً، ويعزى الاختلاف الضئيل في هذا الطول إلى اختلاف في تحديد بداية المورثة الهدف أو نهايتها.

وأظهرت دراسات أخرى (Yugueros *et al.*, 2010; Sheraba *et al.*, 2010)، أن المورثة *gap* تبدي نوعية عالية عند التحري عن المكورات العنقودية، كما أنه اعتماداً على المورثة *gap* أمكن

تصنيف من 12 إلى 24 نوعاً من المكورات العنقودية، كما أظهرت هذه الدراسات أن عصائب الدنا (DNA) تأخذ الطول 933 شفعاً للأسس الآزوتية (933 bp)، ويتفق ذلك مع نتائج هذه الدراسة.

6-1-3- المورثة *nuc*:

ترمز المورثة *nuc* لإنزيم الثرمونيوكلياز Thermonucleas ويعد أحد الذيفانات الداخلية Enterotoxines المميزة لسلالات المكورات العنقودية الذهبية، وتمثل هذه المورثة المعيار الذهبي Golden Standard عند التحري عن هذا النوع.

وقد صممت مرئسات نوعية للمورثة *nuc*، المرئس الأمامي بطول 21 نكليوتيداً، يأخذ التسلسل التالي: (5'- GCGATTGATGGTGATACGGTT-'3) :FN، والمرئس العكسي بطول 24 نكليوتيداً، ويأخذ التسلسل التالي:(5'- AGCCA AGCCTTGACGAACTAAAGC-'3) :RN.

وبعد إجراء التفاعل السلسلي للبوليميراز لعزلات المكورات العنقودية الذهبية ثم تحميل نواتج التفاعل على جهاز الرحلان الكهربائي ومعالجتها بوساطة الأشعة فوق البنفسجية (UV)، أظهرت النتائج توزع شدف الدنا (DNA) للمورثة *nuc* بشكل عصائب بيضاء على خلفية سوداء حيث أخذت العصائب الطول 270 شفعاً للأسس الآزوتية (270 bp)، (الشكل 33).

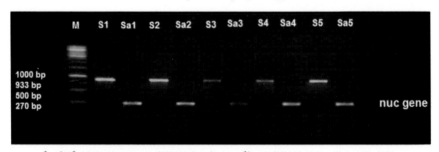

الشكل 33: عصائب الدنا (DNA) للمورثة *nuc* بطول (270 bp) عند المكورات العنقودية الذهبية

حيث: (1-5) :Sa عزلات المكورات العنقودية الذهبية، (M): واسمة الدنا DNA Marker

وفي دراسة أجراها مجموعة من الباحثين (Kateete *et al.*, 2010) على المكورات العنقودية الذهبية المعزولة من بعض العينات السريرية باستعمال بعض الاختبارات الحيوية الكيميائية، كاختبار المخثراز واختبار إنزيم الدناز DNase Test بالإضافة إلى الطرائق الجزيئية كالتحري عن المورثة *nuc*، توصل الباحثون إلى أن تعريف هذه الجراثيم بالاعتماد على الأهداف الوراثية يمثل المعيار الأمثل، مما

يؤكد مـا توصلت إليه نتائج هذه الدراسة من أن الطرائق الجزيئية تعد أكثر نوعية في تعريف الأنواع الجرثومية، مقارنة بالطرائق التقليدية.

وفي دراسة للباحث كالوري وزملائه (Kalorey et al., 2007)، تناولت المورثات المسؤولة عن الترميز لبعض عوامل الفوعة Virulence عند المكورات العنقودية الذهبية، أظهرت النتائج أن المورثة nuc ترمز لإنزيم خارج خلوي يدعى الثرمونيوكلياز وأن 36 عزلة من أصل 37 كانت إيجابية، وقد أخذت عصائب الدنا (DNA) الطول 279 شفعاً للأسس الآزوتية (279 bp)، وأظهرت النتائج أن عصائب الدنا (DNA) تأخذ الطول 270 شفعاً للأسس الآزوتية (270 bp) ويعزى الاختلاف في طول العصائب في مثل هذه الحالات إلى اختلاف في شروط التفاعل السلسلي للبوليميراز وكمية المواد الداخلة في التفاعل، كما أن شروط الرحلان الكهربائي من فولطية وزمن رحلان قد تؤدي دوراً حاسماً في مدى المسافة التي تقطعها شدف الدنا (DNA) ضمن هلامة الآغاروز.

6-2- الراكدة البومانية A. baumannii:

ضُخمت المنطقة الوراثية 16S rRNA و المورثة bla OXA-51-like بهدف التحري عن جنس الراكدة ونوع الراكدة البومانية على الترتيب.

6-2-1- المنطقة الوراثية 16S rRNA:

صُممت مرئسات نوعية خاصة بالمنطقة الوراثية 16S rRNA لجنس الراكدة بهدف تعريف العزلات الجرثومية. يتألف المرئس الأمامي من 17 نكليوتيداً ويأخذ التسلسل التالي: F-16S: (5'- TT TAAGCGAGGAGGAGG -'3)، ويتألف المرئس العكسي من 18 نكليوتيداً ويحمل التسلسل التالي: R-16S: (5'- ATTCTACCATCCTCTCCC -'3).

أظهرت النتائج أن عصائب المنطقة الوراثية 16S rRNA لدى عزلات جنس الراكدة البومانية تأخذ الطول 280 شفعاً للأسس الآزوتية (280 bp) مقارنة بواسمة عيارية للدنا (DNA) (الشكل 34).

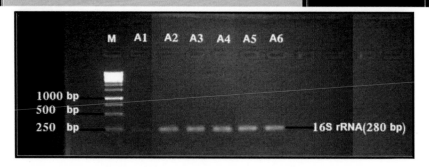

الشكل 34: عصائب المنطقة الوراثية 16S rRNA عند الراكدة *Acinetobacter*،

حيث: A (1-6) عزلات الراكدة *Acinetobacter*، (M): واسمة الدنا DNA Marker

وفي دراسة تصنيفية أجراها مجموعة من الباحثين (Vanbroekhoven *et al.*, 2004) على جراثيم الراكدة المعزولة من بيئات مختلفة، باستعمال التفاعل السلسلي للبوليميراز للتحري عن المنطقة 16S rRNA، أظهرت النتائج أن طول هذه المنطقة يساوي 280 شفعاً للأسس الآزوتية (280 bp)، ويتفق مع ما توصلت إليه هذه الدراسة من نتائج جزيئية لعزلات جراثيم الراكدة.

6-2-2 – المورثة *bla* OXA-51-like:

تأتي أهمية المورثة *bla* OXA-51-like عند التحري عن الراكدة البومانية من كونها ترمز لإنزيمات الاوكساسيليناز Oxacillinases التي تثبط عمل طيف واسع من صادات البيتالاكتامات ومنها صادات الكاربابينيم Carbapenem. وقد صممت مرئسات نوعية للمورثة *bla* OXA-51-like، المرئس الأمامي بطول 20 نكليوتيداً يأخذ التسلسل التالي: (5'-TAATGCTTTGATCGGCCTTG-'3) F-bla:، والمرئس العكسي بطول 20 نكليوتيداً ويأخذ التسلسل التالي: R-bla: (5'- TGGATTGCACTTCA TCTTGG-'3).

أظهرت النتائج توزع شدف الدنا (DNA) للمورثة *bla* OXA-51-like بشكل عصائب بيضاء على خلفية سوداء حيث أخذت العصائب المميزة للراكدة البومانية الطول 350 شفعاً للأسس الآزوتية (350 bp) (الشكل 35).

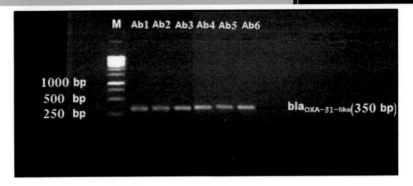

الشكل 35: عصائب الدنا للمورثة *bla* $_{OXA-51-like}$ عند الراكدة البومانية *A. baumannii*،
حيث: (1-6) Ab عزلات الراكدة البومانية *A. baumannii*، (M): واسمة الدنا DNA Marker.

وفي دراسة لشالي (Shali, 2012)، على عزلات الراكدة الماخوذة من بعض العينات السريرية أظهرت نتائج التفاعل السلسلي للبوليميراز أن جميع العزلات التي صنفت على أنها الراكدة البومانية كانت تحمل المورثة *bla* $_{OXA-51-like}$ وبطول 353 شفعاً للأسس الآزوتية (353 bp). وتتفق نتائج دراسة شالي مع نتائج هذه الدراسة في كون المورثة *bla* $_{OXA-51-like}$ تشكل معياراً تصنيفياً جزيئياً هاماً عند التحري عن الراكدة البومانية، كما أخذت المورثة المذكورة آنفاً الطول ذاته تقريباً في كلتا الدراستين.

كما أُجري في هذه الدراسة ترحيل عينات التفاعل للمنطقة الوراثية 16S rRNA المميزة لجنس الراكدة مع عينات التفاعل للمورثة *bla* $_{OXA-51-like}$ المميزة لنوع الراكدة البومانية على هلامة آغاروز مشتركة، حيث ظهرت العصائب متناوبة على مسار أفقي واحد وأخذت الأطوال المشار إليها أعلاه (الشكل 36).

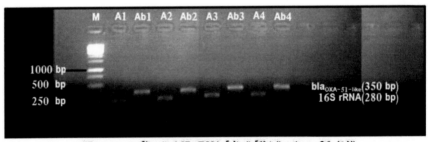

الشكل 36: عصائب المنطقة الوراثية 16S rRNA والمورثة *bla* $_{OXA-51-like}$،
حيث: (1-4) A عزلات الراكدة *Acinetobacter*، (1-4) Ab عزلات الراكدة البومانية *A. baumannii*، (M) واسمة الدنا DNA Marker

وأظهرت دراسة ماك كراكن وزملائه (McCracken *et al*., 2009)، أن عزلات الراكدة البومانية المقاومة لصادات الكاربابينيم عادةً ما تحمل المورثة *bla* $_{OXA\text{-}51\text{-}like}$، ويتفق ذلك مع ما توصلت إليه نتائج هذه الدراسة في كون عزلات الراكدة البومانية التي جمعت من العينات السريرية كانت إيجابية لهذه المورثة. ونجمل أهم ماتوصلت إليه هذه الدراسة من نتائج في الجانب الجزيئي للنوعين المدروسين بالجدول 18.

الجدول 18: المورثات المميزة للجنس والنوع عند المكورات العنقودية الذهبية والراكدة البومانية.

النوع	المورثة المميزة للجنس		المورثة المميزة للنوع	
	الرمز	الطول	الرمز	الطول
المكورات العنقودية الذهبية	16S rRNA	(479 bp)	*nuc*	(270 bp)
	gap	(933 bp)		
الراكدة البومانية	16S rRNA	(280 bp)	*bla* $_{OXA\text{-}51\text{-}like}$	(350 bp)

7. نتائج اختبارات حساسية الصادات الحيوية Antibiotic Susceptibility Tests:

7-1- المكورات العنقودية الذهبية *S. aureus*:

استُعملت طريقة الانتشار القرصي وطريقة التمديد لمعرفة مدى مقاومة هذه الجراثيم للصادات الحيوية، كما تم عمل مقارنة بين نتائج هذه الدراسة مع نتائج وردت في دراسات أخرى.

7-1-1- طريقة الانتشار القرصي Disc Diffusion Method:.

أظهرت عزلات المكورات العنقودية الذهبية مقاومة عالية تجاه بعض الصادات الحيوية، حيث وصلت نسبة المقاومة إلى 100% للبنسيلين ف و97.8% للكلورامفينيكول، وأظهرت عزلاتها مقاومة متوسطة أو قريبة من المتوسطة تجاه بعض الصادات الحيوية الأخرى، حيث بلغت نسب المقاومة 53.3% للتتراسيكلين، 40% للسيفروكسيم، 38.9% لليفوفلوكساسين، 36% للسيفازولين، 35% للإريترومايسين، 40% للأموكسيسيللين- حمض الكلافولانيك، 35.6% للسيبروفلوكساسين، 32.2% للأوكساسيللين، وكانت مقاومتها منخفضة تجاه صادات اللينكومايسين والنتروفورانتين بنسبة 11.1% لكلا الصادين، في حين بلغت نسبة مقاومتها 5.6% للتوبرامايسين و4.4% للجنتاميسين.

وأبدت عزلات المكورارت العنقودية الذهبية حساسية تجاه مجموعة من الصادات الحيوية المستعملة في هذه الدراسة، حيث بلغت نسب الحساسية 94.5% للإيميبينيم، 85.5% للريفامبيسين، 81.1% للفانكومايسين. ويظهر الجدول 19 والشكل 37 النسب المئوية لتحسس عزلات المكورات العنقودية الذهبية تجاه مجموع الصادات الحيوية المستعملة في الدراسة.

الجدول 19: النسب المئوية لتحسس عزلات المكورات العنقودية الذهبية للصادات الحيوية بوساطة طريقة الانتشار القرصي

العزلات المقاومة (R)		العزلات متوسطة الحساسية (I)		العزلات الحساسة (S)		الصاد الحيوي
%	العدد	%	العدد	%	العدد	
100	90	0	0	0	0	Penicillin V
97.8	88	2.2	2	0	0	Chloramphenicol
53.3	48	4.5	4	42.2	38	Tetracycline
4.4	4	55.6	50	40	36	Gentamicin
38.9	35	41.1	37	20	18	Levofloxacin
40	36	5.6	5	54.4	49	Cefuroxime
36.6	33	55.6	50	7.8	7	Cefazolin
35.6	32	44.4	40	20	18	Erythromycin
40	36	60	54	0	0	Amoxicillin-Clavulanic acid
35.6	32	0	0	64.4	58	Ciprofloxacin
32.2	29	0	0	67.8	61	Oxacillin
5.6	5	74.4	67	20	18	Tobramycin
11.1	10	33.3	30	55.6	50	Lincomycin
11.1	10	80	72	8.9	8	Nitrofurantoin
41.1	37	18.9	17	40	36	Trimethoprim-Sulfamethoxazole
7.8	7	6.7	6	85.5	77	Rifampicin
3.3	3	15.6	14	81.1	73	Vancomycin
2.2	2	3.3	3	94.5	85	Imipenem

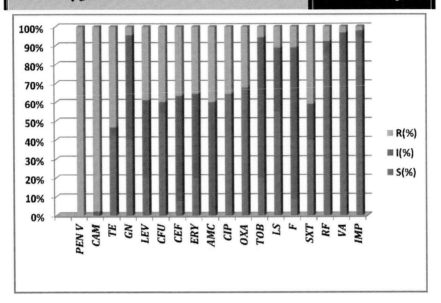

الشكل 37: النسب المئوية لتحسس عزلات المكورات العنقودية الذهبية للصادات الحيوية

حيث أن:

PEN V: Penicillin V, GN: Gentamycin, LEV: Levofloxacin, CEF: Cefazolin, ERY: Erytromycin, CIP: Ciprofloxine, F: Nitrofurantion, RF: Rifampicin, CAM:Chloramphenicol, LS: Lincomycin, OXA: Oxacillin, TE:Tetracyclin, SXT: Sulfamethaxazol-Trimethoprim,TOB: Tobramycin, CFU: Cefuroxim, IMP: Imipenem, AMC: Amoxicillin-Clavulini Acid, VA: Vancomycin.

وتفسر مقاومة عزلات المكورات العنقودية الذهبية للبنسيلينات وغيرها من صادات البيتالاكتامات بإفراز هذه الجراثيم لإنزيمات البيتالاكتاماز القادرة على تحطيم حلقة البيتالاكتامات من خلال تحطيم الرابطة الأميدية، وبالتالي تفقد البنسيلينات قدرتها على إيقاف نمو هذه الجراثيم (Bagcigil *et al.*, 2012; Callero *et al.*, 2014)، وتعزى مقاومة المكورات العنقودية الذهبية للكلورامفينيكول إلى وجود مورثة ترمز لإنزيم كلورامفينيكول أستيل-ترانسفيراز Chloramphenicol Acetyl-Transferase الذي يعمل على تثبيط نشاط هذا الصاد الحيوي.

وأظهرت النتائج تحسس عزلات المكورات العنقودية الذهبية للأوكساسيللين بنسبة 67% على الرغم من كونه أحد صادات البيتالاكتامات، ويفسر ذلك بالبنية المعدلة لهذا الصاد الحيوي حيث يحتوي على سلاسل جانبية كبيرة من الحلقات العطرية المطعمة بمجموعات الميتيل والإيتيل. وأبدت عزلات المكورات العنقودية الذهبية حساسية أعلى من المتوسط تجاه بعض الفلوروكينولونات حيث بلغت نسبة حساسيتها

للسيبروفلوكساسين 60%، وتصنف هذه الصادات الحيوية ضمن الكينولونات إلا أن بنيتها الكيميائية تحتوي على ذرة فلور عند ذرة الكربون C6، وهذا ما يجعلها أقل تأثراً بإنزيمات البيتالاكتاماز التي تفرزها المكورات العنقودية الذهبية. إن الحساسية العالية لعزلات المكورات العنقودية الذهبية للإيميبينيم تعود إلى احتواء الأخير على مجموعات جانبية كالميتيلين، حيث لا يتأثر هذا الصاد عادةً بإنزيمات البيتالاكتاماز (Thibodeau *et al.*, 2014)

يعد الفانكومايسين الصاد الحيوي الأكثر فعالية واستعمالاً في المجالات الدوائية ضد المكورات العنقودية الذهبية حيث لا ينتمي هذا الصاد الحيوي إلى مجموعة البيتالاكتامات، وبالتالي لا يتأثر بانزيمات البيتالاكتامات، وقد أظهرت النتائج حساسية معظم عزلات هذه الجراثيم تجاه الفانكومايسين إلا أن بعضها بنسبة 3.3% أبدت مقاومة تجاه هذا الصاد الحيوي، ويعزى ذلك إلى الاستعمال العشوائي للصادات الحيوية، حيث نتج عن ذلك عزلات طافرة من المكورات العنقودية الذهبية طورت مقاومة مرتبطة بالبلاسميد أو الصبغي الجرثومي تجاه الفانكومايسين وغيره من الصادات الحيوية (Cafiso *et al.*, 2012).

أبدت المكورات العنقودية الذهبية حساسية عالية للريفامبيسين، إلا أن استعماله ضد هذه الجراثيم قد يولد مقاومة كامنة لدى بعض الأنواع الجرثومية الأخرى مثل *Mycobacterium tuberculosis*، لذا يجب توخي الحذر عند وصفه (Mirsaeidi and Schraufnagel, 2014; Evans *et al.*, 2014)، وقد أبدت هذه العزلات مقاومة عالية للبنسيلين ڤ في معظم الدراسات، حيث بلغت نسبة المقاومة 100% في هذه الدراسة ودراسات إسلام وزملائه (Islam *et al.*, 2008)، شريف وزملائه (Sharif *et al.*, 2013) وعناني وزملائه (Enany *et al.*, 2010)، كما أن نسب المقاومة لهذا الصاد الحيوي كانت عالية أيضاً في دراسات أخرى، وإن بدرجة أقل من سابقاتها حيث بلغت 97.1%، 95%، 92.8%، 91% و89.2% في دراسات بو وزملائه (Pu *et al.*, 2014)، كاراسيولو وزملائه (Caraciolo *et al.*, 2012)، دوران وزملائه (Duran *et al.*, 2012)، لي وزملائه (Lee *et al.*, 2009) والبعداني وزملائه (AL-Baidani *et al.*, 2011) على الترتيب، وأتت دراسة داكا وزملاؤه (Daka *et al.*, 2012) منفردة من بين الدراسات عامةً لتظهر تحسس عزلات المكورات العنقودية الذهبية للبنسيلين ڤ بنسبة حساسية 32.1%.

وعند النظر في مدى مقاومة المكورات العنقودية الذهبية للجنتاميسين، لوحظ أن هذه الجراثيم تبدي عموماً مقاومة منخفضة تجاه هذا الصاد الحيوي وإن بدرجات متفاوته بين الدراسات حيث كانت نسبة المقاومة 4.5% في هذه الدراسة، 11.7% في دراسة بو وزملائه (Pu *et al.*, 2014) و16% في دراسة كاراسيلو وزملائه (Caraciolo *et al.*, 2012)، بينما كانت المقاومة قريبة من المتوسط في دراسات

أخرى حيث بلغت 42.8%، 41.4%، 38.1%، 35.3% في دراسات عناني وزملائه (Enany *et al.*, 2010)، بدور وزملائه (Baddour *et al.*, 2006)، دوران وزملائه (Duran *et al.*, 2012) وشارما وزملائه (Sharma *et al.*, 2014) على الترتيب. كما أبدت المكورات العنقودية الذهبية مقاومة دون المتوسط تجاه الليفوفلوكساسين حيث بلغت نسبة المقاومة 38.9% في هذه الدراسة و 38.1% في دراسة عناني وزملائه (Enany *et al.*, 2010).

يعد الإريترومايسين من الصادات الحيوية الفعالة تجاه المكورات العنقودية الذهبية، وقد أظهرت هذه الجراثيم مقاومة أدنى من المتوسط تجاه هذا الصاد، واتفقت نتائج هذه الدراسة مع نتائج لدراسات أخرى حيث بلغت نسب المقاومة 35.6%، 33.3%، 32.1%، 31.1%، 31% و 28% في هذه الدراسة، ودراسات عناني وزملائه (Enany *et al.*, 2010)، داكا وزملائه (Daka *et al.*, 2012)، بو وزملائه (Pu *et al.*, 2014)، البعداني وزملائه (AL-Baidani *et al.*, 2011) ولي وزملائه (Lee *et al.*, 2009) على الترتيب. بينما كانت نسبة المقاومة منخفضة للإريترومايسين في دراسة كارسيلو وزملائه (Caraciolo *et al.*, 2012) حيث بلغت 21.1%، وعالية في دراسة آتين وزملائه (Attien *et al.*, 2014) بنسبة 97%، وكانت نسبة المقاومة أعلى من المتوسط بنسبة 60.4% في دراسة دوران وزملائه (Duran *et al.*, 2012).

أبدت عزلات المكورات العنقودية مقاومة أدنى من المتوسط للسيبروفلوكساسين في بعض الدراسات وأعلى قليلاً في بعضها الأخر، حيث بلغت نسبة المقاومة 35.6% في هذه الدراسة، واتفقت مع نسبة المقاومة في دراسة عناني وزملائه (Enany *et al.*, 2010) التي بلغت (38.1%)، فيما كانت نسب المقاومة حول المتوسط في دراسات أخرى، حيث بلغت 58.8%، 46.6% و 41% في دراسات شارما وزملائه (Sharma *et al.*, 2014)، شريف وزملائه (Sharif *et al.*, 2013) ودوران وزملائه (Duran *et al.*, 2012) على الترتيب، وكانت نسبة المقاومة منخفضة جداً في دراسة بو وزملائه (Pu *et al.*, 2014) بنسبة 2.9%.

الأوكساسيللين من الصادات الحيوية الفعالة تجاه المكورات العنقودية الذهبية، وقد أظهرت هذه الجراثيم تبايناً في درجة المقاومة لهذا الصاد حيث كانت نسبة المقاومة 32.2% في هذه الدراسة، بينما كانت أعلى من المتوسط في دراسة شريف وزملائه (Sharif *et al.*, 2013) بنسبة 68.5% ودراسة داكا وزملائه (Daka *et al.*, 2012) بنسبة 60.3%. وأظهرت المكورات العنقودية الذهبية مقاومة عالية، حيث بلغت 100%، 90%، 89% و 86.2% في دراسات إسلام وزملائه (Islam *et al.*, 2008)، عناني وزملائه (Enany *et al.*, 2010)، آتين وزملائه (Attien *et al.*, 2014) والبعداني وزملائه

(AL-Baidani et al., 2011) على الترتيب، وأبدت هذه الجراثيم مقاومة منخفضة بلغت 12.6% في دراسة بو وزملائه (Pu et al., 2014)، 5.9% في دراسة شارما وزملائه و 11% في دراستي كارسيلو وزملائه (Caraciolo et al., 2012) ولي وزملائه (Lee et al., 2009).

أبدت المكورات العنقودية الذهبية مقاومة منخفضة إلى متوسطة غالباً للصاد الحيوي التريميتوبريم- سلفاميتاكسازول، وكانت المقاومة حول المتوسط، حيث بلغت 41.1% في هذه الدراسة، 51.7% و 57.1% في دراستي البعداني وزملائه (AL-Baidani et al., 2011) وعناني وزملائه (Enany et al., 2010) على الترتيب. وقد أظهرت هذه الجراثيم مقاومة منخفضة وكانت 33.8%، 22.3%، 18.1%، 11% في دراسات بدور وزملائه (Baddour et al., 2006)، دوران وزملائه (Duran et al., 2012)، آتين وزملائه (Attien et al., 2014)، كارسيلو وزملائه (Caraciolo et al., 2012) على الترتيب، بينما كانت المقاومة عالية نسبياً في دراسة شريف وزملائه (Sharif et al., 2013) بنسبة 66.6% وعالية في دراسة بو وزملائه (Pu et al., 2014) بنسبة 83.5%.

أظهرت عزلات المكورات العنقودية الذهبية مقاومة منخفضة تجاه الريفامبيسين، حيث بلغت نسبة المقاومة 7.8% في هذه الدراسة، إلا أنه عند مقارنتها مع نتائج لدراسات أخرى تبين أن المقاومة كانت معدومة تجاه هذا الصاد الحيوي في دراسات أخرى حيث بلغت نسبتها 0% في دراسات إسلام وزملائه (Islam et al., 2008)، بدور وزملائه (Baddour et al., 2006)، عناني وزملائه (Enany et al., 2010)، كارسيلو وزملائه (Caraciolo et al., 2012) وآتين وزملائه (Attien et al., 2014).

يعد الفانكومايسين الصاد الحيوي الأكثر استعمالاً في معالجة العدوى بالمكورات العنقودية الذهبية، وقد أظهرت هذه الجراثيم مقاومة طفيفة لهذا الصاد الحيوي وبلغت نسبة المقاومة 3.3% في هذه الدراسة، وكانت نسبة المقاومة 0% في معظم الدراسات المقارنة مثل دراسات بو وزملائه (Pu et al., 2014)، البعداني وزملائه (AL-Baidani et al., 2011)، شريف وزملائه (Sharif et al., 2013)، آتين وزملائه (Attien et al., 2014)، ولي وزملائه (Lee et al., 2009) وغيرها.

يعد الإيميبينيم من الصادات الحيوية الشائعة الاستعمال تجاه العدوى بالمكورات العنقودية الذهبية وأظهرت هذه الجراثيم مقاومة محدودة جداً تجاه هذا الصاد الحيوي، وكانت نسبة المقاومة في هذه الدراسة 2.2%، بينما كانت هذه النسبة 0% في دراسات شريف وزملائه (Sharif et al., 2013)، دوران وزملائه (Duran et al., 2012) وآتين وزملائه (Attien et al., 2014)، وتجدر الإشارة إلى أن المقاومة للإيميبينيم كانت مرتفعة نسبياً في بعض الدراسات، حيث بلغت 33.3% في دراسة عناني وزملائه و 23.1% في دراسة داكا وزملائه (Daka et al., 2012)، ويعزى التباين بين نسب مقاومة

عزلات المكورات العنقودية الذهبية في هذه الدراسة ونسب المقاومة في الدراسات الأخرى المشار إليها، ربما إلى حدوث طفرات وراثية ناتجة عن سوء استخدام الصادات الحيوية مما يؤدي إلى إيجاد سلالات جرثومية جديدة معندة ومقاومة، كما أن عدم التشخيص الفعلي للعامل الممرض واستخدام الصادات الحيوية واسعة الطيف يقود كذلك إلى انتخاب سلالات جرثومية مقاومة مما يفسر اختلاف نسب المقاومة بين دراسة وأخرى. ويظهر الجدول 20 مقارنة لبعض الصادات الحيوية التي أظهرت فعاليتها تجاه عزلات المكورات العنقودية الذهبية في دراسات مختلفة.

الجدول 20: النسب المئوية لعزلات المكورات العنقودية الذهبية المقاومة للصادات الحيوية في دراسات مختلفة.

الصاد الحيوي / الدراسة	النسب المئوية للعزلات المقاومة للصادات الحيوي (R%)									
	PEN	GN	LEV	ERY	CIP	OXA	SXT	RF	VA	IMP
هذه الدراسة	100	4.5	38.9	35.6	35.6	32.2	41.1	7.8	3.3	2.2
بو وزملائه 2014	97.1	11.7	—	31.1	2.9	12.6	83.5	—	0	—
إسلام وزملائه 2008	100	—	—	0	0	100	—	0	0	—
شريف وزملائه 2013	100	—	—	—	46.6	68.5	66.6	—	0	0
دوران وزملائه 2012	92.8	38.1	—	60.4	41.0	-	22.3	—	0	0
البعداني وزملائه 2011	89.2	—	—	31.0	—	86.2	51.7	—	0	—
شارما وزملائه 2014	—	35.3	—	—	58.8	5.9	—	—	0	—
بدور وزملائه 2006	—	41.4	—	—	—	—	33.8	0	0	—
عناني وزملائه 2010	100	42.8	38.1	33.3	38.1	90	57.1	0	0	33.3
داكا وزملائه 2012	67.9	—	—	32.1	0	60.3	—	—	38.0	23.1
كارسيلو وزملائه 2012	95.0	16.0	—	21.1	0	11.0	11.0	0	—	—
آتين وزملائه 2014	—	—	—	97.0	—	89.0	18.1	0	0	0
لي وزملائه 2009	91.0	—	—	28.0	—	11.0	0	—	0	—

حيث أن:

ERY: Erytromycin, LEV: Levofloxacin, GN: Gentamycin, PEN: Penicillin
SXT: Sulfamethaxazol-Trimethoprim, RF: Rifampicin, OXA: Oxacillin, CIP: Ciprofloxacin,
IMP: Imipenem, VA: Vancomycin.

7-1-2 طريقة التمديد Dilution Method:

تم حساب التركيز المثبط الأدنى (MIC) لـ 13 من الصادات الحيوية المستخدمة لاختبار حساسية عزلات المكورات العنقودية الذهبية وذلك بوساطة جهاز المطياف الماسح المتعدد الذي يقيس كثافة النمو الجرثومي (OD) بالاعتماد على قياس الامتصاصية لحزمة من الأشعة الضوئية.

أظهرت النتائج أن قيمة التركيز المثبط الأدنى كانت كالآتي: للبنسيلين فـ ($\geq$ 256 µg/ml) تجاه جميع العزلات، للكلورامفينيكول (16-8 µg/ml) تجاه عزلتين و($\geq$ 16 µg/ml) تجاه 88 عزلة، للتتراسيكلين ($\leq$ 4 µg/ml) تجاه 38 عزلة و(16-4 µg/ml) تجاه 4 عزلات و($\geq$ 16 µg/ml) تجاه 48 عزله، لليفوفلوكساسين ($\leq$ 2 µg/ml) تجاه 18 عزلة و (32-8 µg/ml) تجاه 37 عزلة و (32 $\geq$ µg/ml) تجاه 35 عزلة، للسيفوروكسيم ($\leq$ 64 µg/ml) تجاه 49 عزلة و (256-132 µg/ml) تجاه 5 عزلة و ($\geq$ 256 µg/ml) تجاه 36 عزلة، للسيفازولين ($\leq$ 64 µg/ml) تجاه 7 عزلات و (132-64 µg/ml) تجاه 50 عزلة و ($\geq$ 132 µg/ml) تجاه 33 عزلة.

وكانت قيمة التركيز المثبط الأدنى للأزيثرومايسين ($\leq$ 2 µg/ml) تجاه 18 عزلة و (32-4 µg/ml) تجاه 40 عزلة و ($\geq$ 32 µg/ml) تجاه 32 عزلة، للأموكسيسيللين-حمض الكلافولانيك (256-132 µg/ml) تجاه 54 عزلة و ($\geq$ 256 µg/ml) تجاه 36 عزلة، للسيبروفلوكساسين (0.5 $\leq$ µg/ml) تجاه 58 عزلة و ($\leq$ 64 µg/ml) تجاه 32 عزلة، للأوكساسيللين ($\leq$ 2 µg/ml) تجاه 61 عزلة و ($\geq$ 4 µg/ml) تجاه 29 عزلة، للريفامبيسين ($\leq$ 1 µg/ml) تجاه 77 عزلة و (16-2 µg/ml) تجاه 6 عزلات و ($\geq$ 16 µg/ml) تجاه 7 عزلات، للفانكومايسين ($\leq$ 2 µg/ml) تجاه 37 عزلة و (4-8 µg/ml) تجاه 14 عزلة و ($\geq$ 16 µg/ml) تجاه 3 عزلات، للإيميبينيم ($\leq$ 1 µg/ml) تجاه 85 عزلة و (16-2 µg/ml) تجاه 3 عزلات و ($\geq$ 16 µg/ml) تجاه عزلتين، ويظهر الجدول 21 تصنيف العزلات إلى حساسة ومتوسطة الحساسية ومقاومة بالمقارنة مع قيم معيارية للتركيز المثبط الأدنى وفقاً لجداول NCCLS، ويبين الشكل 38 عدد هذه العزلات وفقاً لتصنيفها.

الجدول 21: التركيز المثبط الأدنى (MIC) لمجمل عزلات المكورات العنقودية الذهبية المدروسة.

العزلات المقاومة (R)		العزلات متوسطة الحساسية (I)		العزلات الحساسة (S)		الصاد الحيوي
MIC (µg/ml)	العدد	MIC (µg/ml)	العدد	MIC (µg/ml)	العدد	
≥ 0.25	90	—	0	≤ 0.12	0	PEN V
≥ 32	88	16	2	≤ 8	0	CAM
≥16	48	8	4	≤ 4	38	TET
≥ 8	72	4	0	≤ 2	18	LEV
≥ 32	90	16	0	≤ 8	0	CFU
≥ 32	90	16	0	≤ 8	0	CEF
≥ 8	52	4-1	20	≤ 0.5	18	ERY
≥ 8	90	—	0	≤ 4	0	AMC
≥ 4	32	2	0	≤ 1	58	CIP
≥ 4	29	—	0	≤ 2	61	OXA
≥ 4	7	2	6	≤ 1	77	RF
≥ 16	3	8-4	14	≤ 2	73	VAN
≥ 16	2	4-2	3	≤ 2	85	IMP

حيث أن:

PEN V: Penicillin V, TET: Tetracyclin, LEV: Levofloxacin,
ERY: Erytromycin, OXA: Oxacillin, RF: Rifampicin, IMP:Imipenem,
CAM: Chloramphenicol, CFU: Cefuroxime, CEF: Cefazolin
CIP: Ciprofloxacin, VA Vancomycin, AMC: Amoxicillin-Clavulinic Acid

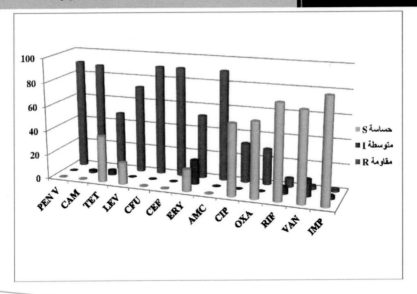

الشكل 38: عدد عزلات المكورات العنقودية الذهبية المصنفة بالاعتماد على التركيز المثبط الأدنى، حيث أن:
PEN V: Penicillin V, TET: Tetracyclin, LEV: Levofloxacin, ERY: Erytromycin, OXA: Oxacillin, AMC: Amoxicillin-Clavulinic Acid, RIF: Rifampicin, IMP:Imipenem, CAM: Chloramphenicol, CFU: Cefuroxime, CEF: Cefazolin, CIP: Ciprofloxacin, VA: Vancomycin

وفي دراسة عناني وزملائه (Enany *et al.*, 2010) كانت نتائج قياس التركيز المثبط الأدنى (MIC) لبعض الصادات الحيوية التي أظهرت فعالية تجاه عزلات المكورات العنقودية الذهبية كالآتي: (4 μg/ml ≥) الأوكساسيللين، (8 μg/ml ≥) السيفوروكسيم، (0.25 μg/ml ≥) السيبروفلوكساسين، (0.12 μg/ml ≥) الليفوفلوكساسين، (0.25 μg/ml ≥) الإريترومايسين، (0.12 μg/ml ≥) التتراسيكلين، (0.5 μg/ml ≥) الفانكومايسين، (4 μg/ml ≥) الكلورامفينيكول، (0.08 μg/ml ≥) الريفامبيسين، وبمقارنة نتائج هذه الدراسة مع نتائج الدراسة السابقة، تبين أن هناك تطابقاً نسبياً بين الدراستين في نتائج قياس التركيز المثبط الأدنى (MIC) لبعض الصادات الحيوية، مثل الأوكساسيللين، التتراسيكلين والريفامبيسين، وكانت هناك فروق ضئيلة بين الدراستين في نتائج القياس لبعض الصادات الحيوية الأخرى كالسيبروفلوكساسين، والليفوفلوكساسين، وسجل التركيز المثبط الأدنى (MIC) للسيفوروكسيم تبايناً كبيراً بين الدراستين، وقد يعزى ذلك إلى اختلاف بين العزلات الجرثومية على مستوى النوع أو السلالة.

وفي دراسة للباحث ليونارد وزملائه (Leonard *et al.*, 2013) كانت نتائج التركيز المثبط الأدنى (MIC) لبعض الصادات الحيوية ذات الفعالية تجاه عزلات المكورات العنقودية الذهبية كالآتي: (0.5 µg/ml ≥) الإيميبينيم، (16 µg/ml ≥) السيبروفلوكساسين، (1 µg/ml ≥) الجنتاميسين، (32 µg/ml ≥) الإريثرومايسين، (2 µg/ml ≥) الفانكومايسين، (16 µg/ml ≥) التريميثوبريم-سلفاميتاكسازول، وتظهر المقارنة بين الدراستين الحالية والدراسة السابقة عدم وجود تطابق بين نتائج قياس التركيز المثبط الأدنى (MIC) للصادات الحيوية، السيبروفلوكساسين والإريثرومايسبن، فيما كان هناك تطابقاً نسبياً في حالة الإيميبينيم والفانكومايسين.

وأظهرت دراسة دوران وزملائه (Duran *et al,.* 2012) أن نتائج قياس التركيز المثبط الأدنى (MIC) لمجموعة من الصادات الحيوية المستعملة ضد المكورات العنقودية الذهبية كانت كالآتي: (1 µg/ml ≥) الأوكساسيللين، (4 µg/ml ≥) السيبروفلوكساسين، (4 µg/ml ≥) الإريثرومايسين، (32 µg/ml ≥) التتراسيكلين، (1 µg/ml ≥) الفانكومايسين، (16 µg/ml ≥) الأموكسيسيللين- حمض كلافولانيك.

وبمقارنة نتائج قياس التركيز المثبط الأدنى (MIC) لبعض الصادات الحيوية الواردة في هذه الدراسة ودراسة دوران وزملائه، تبين أن هناك فروق ضئيلة في حالة الصادت الحيوية الأوكساسيللين والفانكومايسين، وأبدى التركيز المثبط الأدنى تبايناً كبيراً بين الدراستين في حال التتراسيكلين وبدرجة أقل بالنسبة للإريثرومايسين والسيبروفلوكساسين، ويظهر الجدول 22 مقارنة بين التراكيز المثبط الأدنى (MIC) لبعض الصادات الحيوية التي أظهرت فعاليتها تجاه عزلات المكورات العنقودية الذهبية في دراسات مختلفة.

الجدول 22: التركيز المثبط الأدنى لبعض الصادات الحيوية تجاه المكورات العنقودية الذهبية في دراسات مختلفة

الصاد الحيوي / الدراسة	التركيز المثبط الأدنى (MIC µg/ml)								
	TET	LEV	CFU	ERY	CIP	OXA	RF	VAN	IMP
هذه الداسة	≤ 4	≤ 2	≤ 64	≤ 2	≤ 0.5	≤ 2	≤ 1	≤ 2	≤ 1
عناني وزملائه 2010	≤ 0.1	≤ 0.1	≤ 8	≤ 0.2	≤ 1	≤ 4	≤ 0.08	≤ 0.5	—
دوران وزملائه 2012	≤ 32	—	—	≤ 4	≤ 4	≤ 1	—	≤ 1	—
ليونارد وزملائه 2013	—	—	—	≤ 32	≤ 16	—	—	≤ 2	≤ 0.5

حيث أن:

CFU: Cefuroxime, CEF: Cefazolin, LEV: Levofloxacin, ERY: Erytromycin,
CIP: Ciprofloxacin, OXA: Oxacillin, TET: Tetracyclin, RF: Rifampicin, VA: Vancomycin ،
IMP:Imipenem

7-2- الراكدة البومانية *A. baumannii*:

7-2-1- طريقة الانتشار القرصي Disc Diffusion Method:

استُعملت طريقة الانتشار القرصي لمعرفة حساسية 60 عزلة من الراكدة البومانية تجاه 17 صاد حيوي تنتمي لمعظم زمر الصادات الحيوية، وأبدت عزلات الراكدة البومانية مقاومة عالية تجاه بعض الصادات الحيوية، حيث بلغت نسبة مقاومتها 100% لكل من، البنسيلين ڤ، الكلورامفينيكول، السيفوروكسيم، السيفازولين، الأوكساسيللين والنتروفورانتين.

أظهرت عزلات الراكدة البومانية مقاومة عالية أيضاً، وإن بدرجة أقل تجاه بعض الصادات الحيوية الأخرى، حيث بلغت نسبة المقاومة 95% للتتراسيكلين، 91.7% للجنتاميسين، 96.7% لليفوفلوكساسين، 98.3% للإريترومايسين، 95% للأموكسيسيللين- حمض كلافولانيك، 93.3% للينكومايسين و90% للتريميتوبريم-سلفاميتاكسازول، وأبدت عزلات الراكدة البومانية مقاومة عالية نسبياً للمجموعة الأخيرة من الصادات الحيوية، حيث كانت نسبة المقاومة 88.3% للتوبرامايسين، 86.7% للسيبروفلوكاسين، 75% للريفامبيسين و73.3% للإيميبينيم، وتفسر المقاومة العالية والمتعددة للصادات الحيوية من قبل عزلات الراكدة البومانية بإفراز هذه الجراثيم لإنزيمات ترمز لها مورثات متوضعة على البلاسميد قادرة على تثبيط عمل معظم الصادات الحيوية (Revathi *et al.*, 2013)، ويظهر الجدول 23 والشكل 39 النسب المئوية لتحسس عزلات الراكدة البومانية تجاه مجموعة من الصادات الحيوية.

الجدول 23: النسب المئوية لتحسس عزلات الراكدة البومانية للصادات الحيوية بوساطة طريقة الانتشار القرصي

العزلات المقاومة (R)		العزلات متوسطة الحساسية (I)		العزلات الحساسة (S)		الصاد الحيوي
%	العدد	%	العدد	%	العدد	
100	60	0	0	0	0	Penicillin V
100	60	0	0	0	0	Chloramphenicol
95	57	0	0	5	3	Tetracycline
91.7	55	0	0	8.3	5	Gentamicin
96.7	58	0	0	3.3	2	Levofloxacin
100	60	0	0	0	0	Cefuroxime
100	60	0	0	0	0	Cefazolin
98.3	59	0	0	1.7	1	Erythromycin
95	57	0	0	5	3	Amoxicillin-Clavulanic acid
86.7	52	0	0	13.3	8	Ciprofloxacin
100	60	0	0	0	0	Oxacillin
88.3	53	0	0	11.7	7	Tobramycin
93.3	56	0	0	6.7	4	Lincomycin
100	60	0	0	0	0	Nitrofurantoin
90	54	0	0	10	6	Trimethoprim-Sulfamethoxazole
75	45	0	0	25	15	Rifampicin
73.3	44	0	0	26.7	16	Imipenem

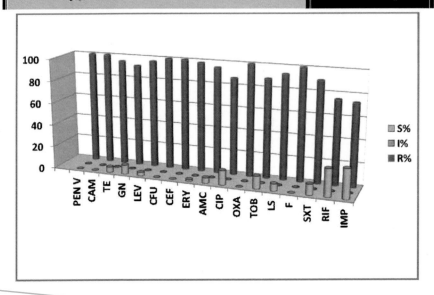

الشكل 39: النسب المئوية لتحسس عزلات الراكدة البومانية للصادات الحيوية

حيث أن:

PEN V: PenicillinV, CFU:Cefuroxim, GN: Gentamycin, LEV: Levofloxacin, CEF: Cefazolin
ERY:Erytromycin, CIP: Ciprofloxine, F: Nitrofurantion, RIF: Rifampicin
CAM:Chloramphenicol, LS: Lincomycin, OXA: Oxacillin, TE:Tetracyclin, IMP: Imipenem
AMC: Amoxicillin-Clavulini Acid, SXT : Trimethoprim-Sulfamethaxazol

ومن الإنزيمات التي تفرزها سلالات الراكدة البومانية إنزيمات البيتالاكتاماز التي تثبط عمل البنسيلينات والسيفالوسبورينات، حيث بلغت نسبة المقاومة 100% للبنسيلين ف، للسيفوروكسيم وللسيفازولين، كما أظهرت عزلات الراكدة البومانية مقاومة عالية لمعظم الصادات الحيوية المستعملة في هذه الدراسة حيث وصلت نسبها إلى أعلى من 90%.

وتجدر الإشارة إلى أن الإيميبينيم من الصادات الحيوية الشائعة في معالجة العدوى بالراكدة البومانية ويستعمل الريفامبيسين بدرجة أقل في المعالجة، ولكن عزلات الراكدة البومانية في هذه الدراسة أظهرت مقاومة عالية نسبياً تجاه كلا الصادين حيث بلغت نسبة المقاومة 73.3% للإيميبينيم و 75% للريفامبيسين، ويفسر ذلك بظهور عزلات تبدي مقاومة عالية تجاه صادات الكاربابينيم وغيرها من الصادات الحيوية الأخرى وتعرف بالراكدة البومانية المقاومة للكاربابينيم (CRAB) (Fonseca *et al.*, 2013). ويُلجأ في مثل هذه الحالات إلى عمل مشاركة بين الصادات الحيوية كالتي بين الإيميبينيم والليفوفلوكساسين أو بين الأخير والأميكاسين (Kim *et al.*, 2014).

أظهرت عزلات الراكدة البومانية في هذه الدراسة مقاومة عالية للتتراسيكلين بنسبة 95%، وكذلك كانت نسبة المقاومة عالية تجاه هذا الصاد الحيوي في بعض الدراسات المقارنة وكانت نسب المقاومة 97.5% في دراسة كوكزيورا وزملائة (Koczura *et al.*, 2014)، 90% في دراستي دينغ وزملائه (Deng *et al.* 2014) وبن عثمان وزملائة (Ben Othman *et al.* 2011)، وكانت نسب المقاومة للتتراسيكلين أقل في دراسات أخرى مقارنه بهذه الدراسة حيث بلغت نسبة المقاومة 80.5% في دراسة كيسكين وزملائه (Keskin *et al.*, 2014) و84% في دراسة تجوا وزملائه (Tjoa *at al.*, 2013)، وسجلت عزلات الراكدة البومانية المأخوذة من بعض المستشفيات الفرنسية مقاومة متوسطة للتتراسيكلين بنسبة 42% في دراسة بن عثمان وزملائه المذكوره آنفاً.

كانت نسبة المقاومة 91.7% للجنتاميسين في هذه الدراسة واتفقت مع نتائج بعض الدراسات حيث كانت نسبة المقاومة 94.6% في دراسة دينغ وزملائه (Deng *et al.*, 2014) و90% في دراسة كوكزيورا وزملائه (Koczura *et al.*, 2014). فيما سجلت نسب المقاومة انخفاضاً نسبياً في بعض الدراسات الأخرى مقارنة بنتائج هذه الدراسة، وكانت نسب المقاومة للجنتاميسين 77.2% في دراسة داريزو وزملائه (D'Arezzo *et al.*, 2011)، 68% في دراسة بن عثمان وزملائه (Ben Othman *et al.*, 2011)، وكانت النتائج في بعض الدراسات مطابقة نسبياً لنتائج هذه الدراسة، ففي دراسة فيزآبادي وزملائه (Feizabadi *et al.*, 2008) كانت نسبة المقاومة 87%، وكانت نسب المقاومة 85.7%، 84%، 82.5%، 82% في دراسات شالي (Shali, 2012)، تجوا وزملائه (Tjoa *at al.*, 2013)، كيسكين وزملائه (Keskin *et al.*, 2014)، ريجيورو وزملائه (Reguero *et al.*, 2013) على الترتيب.

أظهرت عزلات الراكدة البومانية مقاومة عالية تجاه الليفوفلوكساسين، وكانت نسبة المقاومة 96.7%، في هذه الدراسة، وهي بذلك تتفق مع نتائج بعض الدراسات حيث كانت 97.7% في دراسة داريزو وزملائه (D'Arezzo *et al.*, 2011) و95.5% في دراسة كيسكين وزملائه (Keskin *et al.*, 2014)، وكانت الراكدة البومانية مقاومة أقل في دراسة تجوا وزملائه (Tjoa *at al.*, 2013) بنسبة 84%، وتتفق نتائج هذه الدراسة مع نتائج لدرسات أخرى في مدى المقاومة للسيفوروكسيم، حيث كانت نسب المقاومة 98.3% في هذه الدراسة و100% في دراستي شالي (Shali, 2012) و العجمي وزملائه (Al-Agamy *et al.*, 2014).

وبمقارنه مدى مقاومة عزلات الراكدة البومانية للسيبرفلوكساسين في هذه الدراسة بدراسات أخرى، أظهرت النتائج توافقاً مع بعض الدراسات، حيث كانت نسبة المقاومة 86.7% في هذه الدراسة، 86% في دراسة ريجيورو وزملائه (Reguero *et al.*, 2013)، 85% في دراسة العجمي وزملائه (Al-Agamy *et al.*, 2014)، 84% في دراسة تجوا وزملائه (Tjoa *et al.*, 2013)، بينما أظهرت النتائج في دراسات أخرى أن هذه الجراثيم كانت أكثر مقاومه حيث بلغت نسب المقاومة 97.4%، 97%، 95.9%، 95.2%، 90% في دراسات داريزو وزملائه (D'Arezzo *et al.*, 2011)، كيسكين وزملائه (Keskin *et al.*, 2014)، دينغ وزملائه (Deng *et al.*, 2014)، شالي (Shali, 2012)، كوكزيورا وزملائه (Koczura *et al.*, 2014) على الترتيب، وأبدت الراكدة البومانية في دراسة بن عثمان وزملائه (Ben Othman *et al.*, 2011) مقاومة منخفضة بنسبة 36% للعزلات المأخوذة من المستشفيات التونسية و 13% لتلك المأخوذة من المستشفيات الفرنسية.

وعند استعمال بعض الصادات المشاركة كالأموكسيسللين-حمض الكلافولانيك و التريميتوبريم-سلفاميتاكسازول، أظهرت أيضاً عزلات الراكدة البومانية مقاومة عالية لهذا النمط من الصادات الحيوية، فعند مقارنة مدى مقاومة الراكدة البومانية لهذه الصادات في هذه الدراسة ببعض الدراسات الأخرى، لوحظ أن نسب المقاومة كانت عالية عموماً في معظم الدراسات، حيث كانت نسب المقاومة للأموكسيسللين-حمض كلافولانيك 100%، 100%، 95%، 92% في هذه الدراسة، دراسة العجمي وزملائه (Al-Agamy *et al.*, 2014)، دراسة فايزآبادي وزملائه (Feizabadi *et al.*, 2008)، دراسة تجوا وزملائه (Tjoa *et al.*, 2013) على الترتيب، وأبدت نسب المقاومة انخفاضاً نسبياً في بعض الدراسات الأخرى، وكانت نسبة المقاومة 85.7% في دراسة شالي (Shali, 2012)، و 78% في دراسة ريجيورو وزملائه (Reguero *et al.*, 2013).

وتبين وجود تطابق بين نسبة المقاومة للتريميتوبريم-سلفاميتاكسازول في هذه الدراسة مع بعض الدراسات، حيث بلغت نسبة المقاومة 92% في دراسة تجوا وزملائه (Tjoa *et al.*, 2013)، 92.5% في دراسة كوكزيورا وزملائه (Koczura *et al.*, 2014) و 90% في هذه الدراسة، بينما كانت نسب المقاومة في دراسات أخرى أعلى منها في هذه الدراسة، حيث بلغت 100% في دراسة فايزآبادي وزملائه (Feizabadi *et al.*, 2008)، 95.6% في دراسة داريزو وزملائه (D'Arezzo *et al.*, 2011)

وأظهرت عزلات الراكدة البومانية حساسية نسبية تجاه هذا الصاد الحيوي في دراسة كيسكين وزملائه (Keskin et al., 2014) وبنسبة مقاومة 67.5%.

يعد الريفامبيسين من الصادات الحيوية الفعاله تجاه الراكدة البومانية، إلا أن هناك سلالات بدأت تبدي مقاومة متوسطة إلى عالية لهذا الصاد الحيوي، حيث كانت نسبة المقاومة 75% في هذه الدراسة، 61% للعزلات المأخوذة من المستشفيات التونسية و42% للعزلات المأخوذة من المستشفيات الفرنسية في دراسة بن عثمان وزملائه (Ben Othman et al., 2011) وبلغت نسبة المقاومة 89% في دراسة كيسكين وزملائه (Keskin et al., 2014).

وأظهرت عزلات الراكدة البومانية مقاومة عالية تجاه التوبرامايسين بنسبة 88.3% في هذه الدراسة وتتفق مع نتائج لدراسات أخرى، حيث كانت نسب المقاومة 90.2%، 85.1%، 84% في دراسات كوكزيورا وزملائه (Koczura et al., 2014)، فايزآبادي وزملائه (Feizabadi et al., 2008)، تجوا وزملائه (Tjoa et al., 2013) على الترتيب، وأبدت هذه الجراثيم نسبة مقاومة أقل في دراسة بن عثمان وزملائه (Ben Othman et al., 2011) وكانت هذه النسبة 45% للعزلات المأخوذه من المستشفيات التونسية و71% للعزلات المأخوذه من المستشفيات الفرنسية.

أبدت عزلات الراكدة البومانية تبايناً في مدى مقاومتها للإيميبينيم، وقد اتفقت نسبة المقاومة في هذه الدراسة مع بعض الدراسات واختلفت مع بعضها الآخر، حيث كانت نسب المقاومة 76%، 73.3% و70% في دراسات ريجيورو وزملائه (Reguero et al., 2013)، هذه الدراسة والعجمي وزملائه (Al-Agamy et al., 2014) على الترتيب، بينما كانت نسب المقاومة في دراسات أخرى أعلى من سابقاتها حيث بلغت 84%، 95.9%، 93.8%، (98%)، (87%)، (91.5%) في دراسات تجوا وزملائه (Tjoa et al., 2013)، دينغ وزملائه (Deng et al., 2014)، داريزو وزملائه (D'Arezzo et al., 2011)، بن عثمان وزملائه [العزلات التونسية، العزلات الفرنسية] (Ben Othman et al., 2011) وكيسكين وزملائه (Keskin et al., 2014) على الترتيب.

وأبدت هذه الجراثيم مقاومة متوسطة في القسم الأخير من الدراسات، حيث كانت نسبة المقاومة 50.9% في دراسة فايزآبادي وزملائه (Feizabadi et al., 2008)، 57.1% في دراسة شالي (Shali, 2012)، 45% في دراسة كوكزيورا وزملائه (Koczura et al., 2014).

ويعزى التباين بين نسب مقاومة عزلات الراكدة البومانية في هذه الدراسة ونسب المقاومة في الدراسات الأخرى، إلى وجود تباين بين بلد وآخر على مستوى النوع أو السلالة الجرثومية التي أجريت عليها الدراسة، حيث يؤدي سوء استعمال الصادات الحيوية في أحيان كثيرة إلى إنتاج طفرات وراثية ترمز لإنزيمات تكبح عمل الصادات الحيوية، كما أن الراكدة البومانية من الجراثيم الإنتهازية ذات القدرة العالية على تطوير مقاومتها للصادات الحيوية باستمرار وتكمن مقدرتها بإفراز إنزيمات ترمز لها مورثات متوضعة على البلاسميد، حيث يعد التشخيص الدقيق للعامل الممرض المعيار الأمثل لتجنب الزيادة في المقاومة (Moriel *et al.*, 2013).

ويؤخذ في الحسبان عامل الزمن عند النظر في الفروق المعنوية لنسب المقاومة للصادات الحيوية بين الدراسات المختلفة حيث تطور الجراثيم مقاومتها بمرور الوقت، وفيما يلي النسب المئوية لمقاومة عزلات الراكدة البومانية لمجموعة من الصادات الحيوية في هذه الدراسة ودراسات أخرى (الجدول 24).

الجدول 24: النسب المئوية لعزلات الراكدة البومانية المقاومة للصادات الحيوية في دراسات مختلفة.

الصاد الحيوي / الدراسة	النسب المئوية لعزلات الراكدة البومانية المقاومة للصادات الحيوية (R%)									
	TE	GN	LEV	CEF	CIP	AMC	SXT	RF	TOB	IMP
هذه الدراسة	95	91.7	96.7	98.3	86.7	95	90	75	88.3	73.3
دينغ وزملائه 2014	90	94.6	—	—	95.9	—	—	—	—	95.9
داريزو وزملائه 2011	—	77.2	97.4	—	97.4	—	95.6	—	—	93.8
فايزآبادي وزملائه 2008	90.5	87	—	—	95.2	100	100	—	85.1	50.9
كيسكين وزملائه 2014	80.5	82.5	95.5	—	97	—	67.5	89	—	91.5
بن عثمان وزملائه 2011[1]	90	74	—	—	36	—	—	61	45	98
ريجيرو وزملائه 2013	—	82	—	—	86	78	—	—	—	76
شالي 2012	—	85.7	—	100	95.2	85.7	95	—	—	57.1
العجمي وزملائه 2014	—	—	—	100	85	100	—	—	—	70
تجوا وزملائه 2013	84	84	84	—	84	92	92	—	84	84
كوكزيورا وزملائه 2014	97.5	90	—	—	90	—	92.5	—	90.2	45
بن عثمان وزملائه 2011[2]	42	68	—	—	13	—	—	42	71	87

حيث أن:

CIP: Ciprofloxine, LEV: Levofloxacin, GN: Gentamycin, TET: Tetracyclin
RF: Rifampicin, SXT: Sulfamethaxazol-Trimethoprim, AMC: Amoxicillin- Clavulinc Acid
IMP:Imipenem, CEF: Cefazolin, TOB : Tobracyclin (1-2) بن عثمان وزملائه ([1]عزلات التونسية، [2]عزلات الفرنسية)

7-2-2- طريقة التمديد Dilution Method:

كانت نتائج قياس التركيز المثبط الأدنى لاثني عشر صاد حيوي تجاه عزلات الراكدة البومانية كالآتي: للبنسيلين ف (256 μg/ml ≥) تجاه جميع العزلات، للكلورامفينيكول (8 μg/ml) تجاه 8 عزلات و (128 μg/ml ≥) تجاه 52 عزلة، للتتراسيكلين (128 μg/ml ≤) تجاه 3 عزلات و (256 ≤ μg/ml) تجاه 57 عزلة، لليفوفلوكساسين (2 μg/ml ≤) تجاه عزلتين و (128 μg/ml ≥) تجاه 58 عزلة، للسيفوروكسيم (128-256 μg/ml) تجاه جميع العزلات، للسيفازولين (16 μg/ml ≤) تجاه 6 عزلات و (256 μg/ml ≥) تجاه 54 عزلة، للإريترومايسين (32 μg/ml ≤) تجاه عزلة و (256 ≤ μg/ml) تجاه 59 عزلة، للأموكسيسيللين- حمض الكلافولانيك تجاه 3 عزلات و (256 μg/ml ≥) تجاه 57 عزلة، للسيبروفلوكساسين (2 μg/ml ≤) تجاه 8 عزلات و (4 μg/ml ≥) تجاه 52 عزلة، للأوكساسيللين (256 μg/ml ≥) تجاه جميع العزلات، للريفامبيسين (32 μg/ml ≤) تجاه 15 عزلة و (64 μg/ml ≥) تجاه 45 عزلة، للإيميبينيم (4 μg/ml ≤) تجاه 16 عزلة و (8 μg ≥) تجاه 44 عزلة.

ويظهر الجدول 25 توزع عزلات الراكدة البومانية إلى حساسة ومتوسطة الحساسية ومقاومة بالاعتماد على التركيز المثبط الأدنى وفقاً لجداول NCCLS، ويبين الشكل 40 عدد العزلات بعد تصنيفها.

الجدول 25: التركيز المثبط الأدنى (MIC) للصادات الحيوية تجاه عزلات الراكدة البومانية.

الصاد الحيوي	العزلات الحساسة (S)		العزلات متوسطة الحساسية (I)		العزلات المقاومة (R)	
	العدد	MIC (μg/ml)	العدد	MIC (μg/ml)	العدد	MIC (μg/ml)
PEN V	0	≤ 8	0	—	60	≥ 16
CAM	4	≤ 8	0	16	56	≥ 32
TET	0	≤ 4	0	8	60	≥ 16
LEV	2	≤ 2	0	4	58	≥ 8
CFU	0	≤ 8	6	16	54	≥ 32
CEF	0	≤ 8	0	16	60	≥ 32
ERY	0	≤ 0.5	0	4-1	60	≥ 8
AMC	0	≤ 4	0	—	60	≥ 8
CIP	0	≤ 1	8	2	52	≥ 4
OXA	0	≤ 2	0	—	60	≥ 4
RF	0	≤1	0	2	60	≥ 4
IMP	16	≤ 4	0	8	44	≥ 16

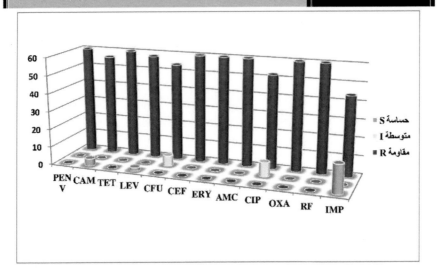

الشكل 40: عدد عزلات الراكدة البومانية المصنفة بالاعتماد على التركيز المثبط الأدنى حيث أن:
CIP: Ciprofloxine, LEV: Levofloxacin, TET: Tetracyclin, PEN V: Penicillin V
RF: Rifampicin, CFU: Cefuroxime, AMC:Amoxicillin-Clavulinc Acid
IMP:Imipenem, ERY: Erytromycin, CEF: Cefazolin, CAM: Chloramphenicol
OXA: Oxacillin

وفي دراسة أرندا وزملائه (Aranda *et al*., 2011) على عزلات الراكدة البومانية كانت نتائج قياس التركيز المثبط الأدنى MIC كالآتي: ($\geq$ 64 μg/ml) الأموكسيسيلين– حمض الكلافولانيك ($\geq$ 1 μg/ml) السيبروفلوكساسين، ($\geq$ 4 μg/ml) الإريثرومايسين، ($\geq$ 8 μg/ml) الكلورامفينيكول، ($\geq$ 1 μg/ml) الريفامبيسين، ($\geq$ 1 μ/ml) الإيميبينيم، وبمقارنة نتائج هذه الدراسة مع نتائج الدراسة السابقة، يتضح وجود تباينٍ بين نتائج قياس التركيز المثبط الأدنى لمجمل الصادات الحيوية المشتركة بين الدراستين، وباستثناء التركيز المثبط الأدنى للكلورامفينيكول التي كانت قيمته ($\geq$ 8 μg/ml) في هذه الدراسة و (256 μg/ml $\geq$) في دراسة أرندا وزملائه فإن قيم التركيز المثبط الأدنى للصادات الحيوية في هذه الدراسة كانت أعلى منها في الدراسة المشار إليها أعلاه، وقد يشكل الفارق الزمني بين الدراستين أحد أسباب التباين، حيث تكتسب الجراثيم قدرة أكبر على المقاومة للصادات الحيوية مع مرور الوقت، ولا سيما في حال الجراثيم الانتهازية في المستشفيات التي تشكل الراكدة البومانية واحدة منها.

وفي دراسة ماك كراكن وزملائه (McCracken *et al*., 2009) أظهرت عزلات الراكدة البومانية مقاومة تجاه بعض الصادات الحيوية المستعملة في الدراسة وأتت النتائج كالآتي: ($\leq$ 32 μg/ml)

الإيميبينيم، (16 μg/ml ≤) السيبروفلوكساسين، (8 μg/ml ≤) الأموكسيسيللين- حمض الكلافولانيك، (16 μg/ml ≤) الليفوفلوكساسين، وتظهر المقارنة بين الدراستين وجود تطابق نسبي بين نتائج قياس التركيز المثبط الأدنى للصادات الحيوية، السيبرفلوكساسين، الإيميبينيم، وكان تباين في حال الليفوفلوكساسين والأموكسيسيللين- حمض الكلافولانيك حيث أظهرت نتائج قياس التركيز المثبط الأدنى قيماً أعلى في هذه الدراسة منها في دراسة ماك كراكن وزملائه.

وبمقارنة نتائج هذه الدراسة بنتائج بعض الدراسات الأخرى، يلاحظ أن التركيز المثبط الأدنى (MIC) للأموكسيسيللين-حمض الكلافولانيك بلغ القيمة الأعلى في هذه الدراسة بمقدار (256 μg/ml ≥) بينما كانت نتائج التركيز المثبط الأدنى تساوي (32 μg/ml ≥)، (16 μg/ml ≥)، (64 μg/ml ≥) في دراسات آدم وزملائه (Adams *et al.*, 2008)، سيفيلانو وزملائه (Sevillano *et al.*, 2012) و كويلمان وزملائه (Koeleman *et al.*, 2001) على الترتيب.

وكانت قيمة التركيز المثبط الأدنى للسيفوروكسيم (128 μg/ml ≥) في هذه الدراسة وهي أعلى منها في دراستي آدم وزملائه (Adams *et al.*, 2008) وكويلمان وزملائه (Koeleman *et al.* 2001) والتي كانت قيمة التركيز المثبط الأدنى في كلتا الدراستين تساوي (64 μg/ml ≥)، وتتفق نتائج هذه الدراسة مع بعض نتائج الدراسات الأخرى حيث كانت قيم التركيز المثبط الأدنى لسيبروفلوكساسين (4 μg/ml ≥) في هذه الدراسة ودراسة آدم وزملائه (Adams *et al.*, 2008) و (2 μg/ml ≥) في دراسة سيفيلانو وزملائه (Sevillano *et al.*, 2012) وكان التركيز المثبط الأدنى في دراسة كويلمان وزملائه (Koeleman *et al.*, 2001) الأعلى بين الدراسات بقيمة (32 μg/ml ≥).

وبلغ التركيز المثبط الأدنى للسيفازولين قيمة (32 μg/ml ≥) في هذه الدراسة بينما كانت قيمته (16 μg/ml ≥) في دراسة سيفيلانو وزملائه (Sevillano *et al.*, 2012) وكانت قيمة التركيز المثبط الأدنى للريفامبيسين تساوي (32 μg/ml ≥) في هذه الدراسة وبلغ قيماً أقل في الدراسات المقارنة حيث بلغت قيمته (16 μg/ml ≥) في دراسة كويلمان وزملائه (Koeleman *et al.*, 2001).

وعند مقارنة التركيز المثبط الأدنى للإيميبينيم في هذه الدراسة ببعض الدراسات الأخرى، تبين وجود تطابق بين دراسة سيفيلانو وزملائه (Sevillano *et al.* 2012) مع هذه الدراسة حيث كانت قيمته في كلتا الدراستين (8 μg/ml ≥)، وكانت قيمته أعلى في دراسة آدم وزملائه (Adams *et al.*, 2008)

وتساوي ($\geq$ 16 µg/ml) وأقل في دراسة كويلمان وزملائه (Koeleman *et al.*, 2001) وتساوي ($\geq$ 2 µg/ml).

ويخضع التباين بين هذه الدراسة والدراسات المختلفة لمجموعة عوامل منها أسلوب التداوي المستعمل في كل بلد، حيث يسهم التشخيص الدقيق للعامل الممرض في تجنب إعطاء الصادات الحيوية واسعة الطيف التي عادة ما تعمل على زيادة مقاومة السلالات الجرثومية من خلال حدوث الطفرات وبالتالي الترميز لإنزيمات تثبط عمل الصادات الحيوية، كما أن تاريخ إجراء الدراسة يمثل معياراً هاماً يمكن الاعتماد عليه عند عمل مقارنة بين الأنواع الجرثومية المقاومة للصادات الحيوية خلال فترات زمنية متعاقبة، حيث تزداد مقاومة الجراثيم للصادات الحيوية بمرور الوقت من خلال ظهور سلالات جديدة مقاومة، ويظهر الجدول 26 المقارنة بين التراكيز المثبط الأدنى لبعض الصادات الحيوية التي أظهرت فعاليتها تجاه عزلات الراكدة البومانية في دراسات مختلفة.

الجدول 26: التركيز المثبط الأدنى لبعض الصادات الحيوية تجاه الراكدة البومانية في دراسات مختلفة

الصاد الحيوي / الدراسة	التركيز المثبط الأدنى (MIC µg/ml) لبعض الصادات الحيوية تجاه الراكدة البومانية *A. baumannii*									
	AMC	LEV	CFU	CAM	ERY	CIP	TET	CEF	RF	IMP
هذه الدراسة	≥256	≥128	≥128	≥8	≥256	≥4	≥256	≥128	≥32	≥8
أرندا وزملائه 2011	≥256	—	—	≥256	≥4	≥1	—	—	≥4	≥1
ماك كراكن وزملائه 2009	≤8	≤16	—	—	—	≤16	—	—	—	≤32
آدم وزملائه 2001	≥32	—	≥64	—	—	≥4	—	≥64	—	≥16
سيفيلانو وزملائه 2012	≥16	—	—	—	—	≥2	—	—	≥16	≥8
كويلمان وزملائه 2011	≥64	—	≥64	—	—	≥32	—			≥2

حيث أن:

TET: Tetracyclin, CEF: Cefazolin, LEV: Levofloxacin, CIP: Ciprofloxine
AMC: Amoxicillin- Clavulinc Acid, ERY: Erytromycin, RF: Rifampicin,
CAM: Chloramphenicol, CFU: Cefuroxim, IMP:Imipenem

وهكذا تؤكد هذه الدراسة وجود ارتفاع في معدل مقاومة الجراثيم موضوع الدراسة للصادات الحيوية عند مقارنتها ببعض الدراسات الأخرى، حيث أظهرت المكورات العنقودية الذهبية مقاومة عالية لبعض صادات البيتالاكتامات كالبنسيلينات، وكانت مقاومتها متوسطة للسيفالوسبورينات كالسيفروكسيم، وأظهرت هذه الجراثيم حساسية للفانكومايسين والإيميبينيم والريفامبيسين، بينما كانت الراكدة البومانية أكثر مقاومة

للصـادات الحيويـة عمومـاً، فقـد أظهـرت مقاومـة تامـة للبنسـيلينات والسيفالوسـبورينات والإريترومايسـين والكلورامفينيكول ومقاومة أعلى من المتوسط للريفامبيسين والإيميبينيم، وفيما يلي مقارنة لمدى مقاومة كلا النوعين الجرثوميين تجاه مجموعة من الصادات الحيوية (الجدول 27).

الجدول 27: النسب المئوية لمقاومة المكورات العنقودية الذهبية والراكدة البومانية لبعض الصادات الحيوية.

الصاد الحيوي	النسب المئوية للمقاومة (R%)	
	المكورات العنقودية الذهبية	الراكدة البومانية
Penicillin V	100	100
Chloramphenicol	97.8	100
Tetracycline	53.3	95
Gentamicin	4.4	91.7
Levofloxacin	38.9	96.7
Cefuroxime	40	100
Cefazolin	36.6	100
Erythromycin	35.6	98.3
Amoxicillin- Clavulanic acid	40	95
Ciprofloxacin	35.6	86.7
Oxacillin	32.2	100
Tobramycin	5.6	88.3
Lincomycin	11.1	93.3
Nitrofurantoin	11.1	100
Trimethoprim-Sulfamethoxazole	41.1	90
Rifampicin	7.8	75
Vancomycin	3.3	-
Imipenem	2.2	73.3

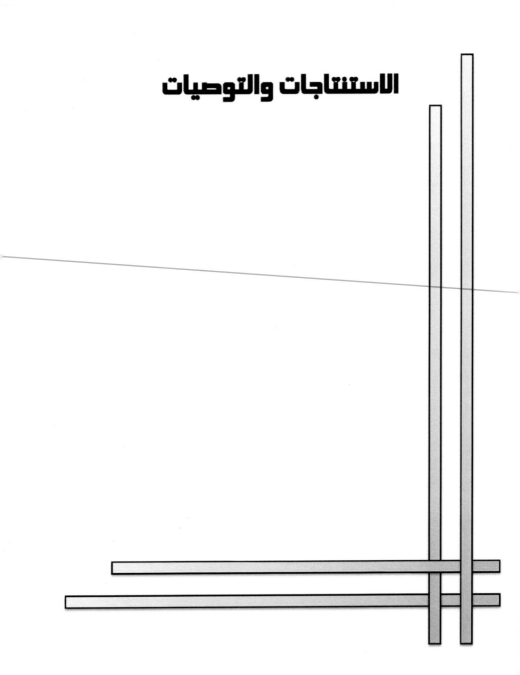

الاستنتاجات والتوصيات

الاستنتاجات Conclusions

1. يعتبر الزرع على وسط المانيتول واختبار المخثراز من الاختبارات النوعية عند التحري عن المكورات العنقودية الذهبية، وإن عدم تخمير الراكدة البومانية لمعظم السكاكر ونموها بالدرجة 44°م يمكن من تمييزها من غيرها من الجراثيم السالبة بصبغة غرام لا سيما تلك المنتمية لجنس الراكدة.

2. إن استعمال الطرائق الجزيئية في التحري عن الأنواع الجرثومية يعد المعيار الأمثل لكون هذه الطرائق تستهدف منطقة وراثية أو مورثة بعينها، وتعد المنطقة الوراثية 16S rRNA والمورثة gap أهدافاً وراثية مهمة تمكن من تعريف المكورات العنقودية، كما أن التحري عن المورثة nuc كفيل في تمييز المكورات العنقودية الذهبية من غيرها من الأنواع الأخرى من المكورات، وإن تحديد المورثة bla OXA-51-like يمثل المعيار الأمثل عند تصنيف الراكدة البومانية كونها من المورثات المحافظة عند هذا النوع الجرثومي كما أنها ترمز لإنزيمات تثبط عمل معظم الصادات الحيوية.

3. تبدي المكورات العنقودية الذهبية مقاومة متوسطة إلى عالية تجاه العديد من الصادات الحيوية، بينما تبدي الراكدة البومانية غالباً مقاومة عالية تجاه معظم الصادات الحيوية.

4. إن استعمال طريقة التمديد إلى جانب طريقة الانتشار القرصي، يعزز من الحكم على فاعلية الصاد الحيوي من عدمها، كون طريقة التمديد تحاكي معايرة تركيز الصاد الحيوي في أخلاط البدن.

التوصيات Recommendations

1. تعزيـز المختبـرات الجرثوميـة فـي المستشـفيات بـالأجهزة والمـواد اللازمـة للكشـف عـن الأنـواع الجرثوميـة التـي تسـجل تـواتراً عاليـاً فـي العينـات السـريرية كالمكورات العنقوديـة الذهبيـة والراكـدة البومانية.

2. عدم الاكتفاء بالطرائق التقليدية منفردة عند تصنيف الأجناس والأنواع الجرثومية واعتماد الطرائق الجزيئية معياراً حاسماً عند التحري عنها.

3. تحديـد مورثـات محافظـة ضـمن الأنـواع الجرثوميـة للكشـف عنهـا كاعتمـاد المورثـة *nuc* عنـد المكورات العنقوديـة الذهبيـة التـي ترمـز لإنـزيم الثرمونيوكليـاز والمورثـة *bla* OXA-51-like الـمميزة للراكدة البومانية التي ترمز لإنزيمات تثبط عمل العديد من الصادات الحيوية.

4. تجنب الاستعمال العشوائي للصادات الحيوية الواسعة الطيف، والبحث عن إنتاج لقاحات للأنواع الجرثوميـة لتحل محل الصادات الحيويـة مستقبلاً، واتبـاع إجراءات وقايـة مناسبة للحد من العدوى من خلال برامج توعية تستهدف شرائح المجتمع كافة لا سيما في المناطق النائية.

5. ربط الجامعة بالمجتمع من خلال متابعة العمل البحثي في مجال الأحياء الدقيقة الطبية بالتعاون مـع المستشـفيات، للأهميـة التطبيقيـة سـواء مـن خـلال المشـورة العلميـة أو اقتـراح بعـض الحلـول العلاجية.

References المراجع

1. Abd El-Hamid M. and Bendary M. (2013). Association between agr alleles and toxin gene profiles of *S. aureus* isolates from human and animal sources in Egypt. Int J Adv Res;1(8):133–44.
2. Adams M. D., Goglin K., Molyneaux N., Hujer K. M., Lavender H., Jamison J. J., MacDonald I J. Martin K. M., Russo T., Campagnari A. A., Hujer A. M., Bonomo R. A., Gill S. R. (2008). Comparative genome sequence analysis of multidrug-resistant *Acinetobacter baumannii*. J.Bacteriol 190(24): 8053-8064.
3. Aedo S., and Tse-Dinh Y. C. (2013). SbcCD-mediated processing of covalent gyrase-DNA complex in *Escherichia coli*. Antimicrob Agents Chemother 57(10): 5116-5119.
4. Ajao A. O., Robinson G., Lee M. S., Ranke T. D., Venezia R. A., Furuno J. P., Harris A. D., Johnson J. K. (2011). Comparison of culture media for detection of *Acinetobacter baumannii* in surveillance cultures of critically-ill patients. Eur J Clin Microbiol Infect Dis 30(11): 1425-1430.
5. Al-Agamy M H., Khalaf N G., Tawfick M M., Shibl A M., Kholy A E. (2014). Molecular characterization of carbapenem-insensitive *Acinetobacter baumannii* in Egypt. Int J Infect Dis 22: 49-54.
6. AL-Baidani A., El-Shouny W., Shawa T. (2011). antibiotic susceptibility pattern of Methicillin Resistance *Staphylococcus aureus* in three Hospitals at Hodeidah city, yemen. Global Journal oPharmacology 5(2): 106-111.
7. Al-Talib H., Yean C. Y., Al-Khateeb A., Hassan H., Banga Singh K K., Al-Jashamy K., Ravichandran M. (2009). A pentaplex PCR assay for the rapid detection of methicillin-resistant *Staphylococcus aureus* and Panton-Valentine Leucocidin. BMC Microbiol 9: 113.
8. Amold D. T. (2009). Prevention and Containment of Staphylococcal Infections in Community Settings. State of Illinois Pat Quinn, Governor. P:42.
9. Aranda J. C., Bardina C., Beceiro A., Rumbo S., Cabral M P., Barbe J., Bou G. (2011). *Acinetobacter baumannii* RecA protein in repair of DNA damage, antimicrobial resistance, general stress response, and virulence. J Bacteriol 193(15): 3740-3747.
10. Askarian M., Zeinalzadeh A., Japoni A., Alborzi A., Memish Z A. (2009). Prevalence of nasal carriage of methicillin-resistant *Staphylococcus aureus* and its antibiotic susceptibility pattern in healthcare workers at Namazi Hospital, Shiraz, Iran. Int J Infect Dis 13(5): e241-247.

11. Attien P., Sina H., Moussaoui W., Zimmermann-Meisse G., Dadié T., Keller D., Riegel P., Edoh V., Kotchoni S O., Djè M., Prévost G., Baba-Moussa L. (2014). Mass Spectrometry and Multiplex Antigen Assays to Assess Microbial Quality and Toxin Production of *Staphylococcus aureus* Strains Isolated from Clinical and Food Samples. Biomed Res Int 2014: 485620.

12. Baddour M., Abuelkheir M., Fatani A. (2006). Trends in antibiotic susceptibility patterns and epidemiology of MRSA isolates from several hospitals in Riyadh, Saudi Arabia. Ann Clin Microbiol Antimicrob 5: 30.

13. Bagcigil A. F., Taponen S., Koort J., Bengtsson B., Myllyniemi A L., Pyörälä S. (2012). Genetic basis of penicillin resistance of *S. aureus* isolated in bovine mastitis. Acta Vet Scand 54: 69.

14. Bakour S., Alsharapy S. A., Rolain J. M. (2014). Characterization of *Acinetobacter baumannii* Clinical Isolates Carrying bla Carbapenemase and 16S rRNA Methylase armA genes in Yemen. Microb Drug Resist, 0:(0).

15. Bassetti M., Merelli M., Temperoni C., Astilean A. (2013). New antibiotics for bad bugs: where are we? Ann Clin Microbiol Antimicrob 12: 22.

16. Begum S., Hasan F., Hussain S., Ali Shah A. (2013). Prevalence of multi drug resistant *Acinetobacter baumannii* in the clinical samples from Tertiary Care Hospital in Islamabad, Pakistan. Pak J Med Sci 29(5): 1253-1258.

17. Ben Othman A., Burucoa C., Battikh H., Zribi M., Masmoudi A., Fendri C. (2011). Comparison of *Acinetobacter baumannii* multidrugs resistant Isolates obtained from French and Tunisian hospitals. J Bacteriol Parasitol 2(1), P: 7.

18. Berić T., Stanković S., Draganić V., Kojić M., Lozo J., Fira D. (2013). Novel antilisterial bacteriocin licheniocin 50.2 from Bacillus licheniformis VPS50.2 isolated from soil sample." J Appl Microbiol, 116(3): 502–510.

19. Bourigault C., Corvec S., Brulet Virginie., Robert P Y., Mounoury O., Chloé G., Boutoille D., Hubert B., Bes M., Tristan A., Etienne J., Lepelletier D. (2014). Outbreak of Skin Infections Due to Panton-Valentine Leukocidin-Positive Methicillin-Susceptible *Staphylococcus aureus* in a French Prison in 2010-2011. PLoS Curr ,6(7): p: 12.

20. Bozkurt-Guzel C., Savage P. B., Akcali A., Ozbek-Celik B. (2014). Potential synergy activity of the novel ceragenin, CSA-13, against carbapenem-resistant *Acinetobacter baumannii* strains isolated from bacteremia patients. Biomed Res Int 2014: 710273, P:5.

21. Cafiso V., Bertuccio T., Spina D., Purrello S., Campanile F., Di Pietro C., Purrello M., Stefani S. (2012). Modulating activity of vancomycin and daptomycin on the expression of autolysis cell-wall turnover and membrane charge genes in hVISA and VISA strains." PLoS One 7(1): e29573.

22. Callero A., Berroa F., Infante S., Fuentes-Aparicio V., Alonso-Lebrero E., Zapatero L. (2014). Tolerance to cephalosporins in nonimmediate

hypersensitivity to penicillins in pediatric patients. J Investig Allergol Clin Immunol 24(2): 134-136.

23. Caraciolo F. B., Maciel M. A., Santos J. B., Rabelo M. A., Magalhães V. (2012). Antimicrobial resistance profile of *Staphylococcus aureus* isolates obtained from skin and soft tissue infections of outpatients from a university hospital in Recife -PE, Brazil. An Bras Dermatol 87(6): 857-861.

24. Chakraborty S P., Mahapatra S K., Roy S. (2011). Biochemical characters and antibiotic susceptibility of *Staphylococcus aureus* isolates. Asian Pac J Trop Biomed 1(3): 212-216.

25. Chan J. Z., Halachev M. R., Loman N. J., Constantinidou C., Pallen M. J. (2012). Defining bacterial species in the genomic era: insights from the genus *Acinetobacter*. BMC Microbiol 12: 302.

26. Chan Y. G., Kim H. K., Schneewind O., Missiakas D. (2014). The capsular polysaccharide of *Staphylococcus aureus* is attached to peptidoglycan by the LytR-CpsA-Psr (LCP) family of enzymes. J Biol Chem. 289(22):15680-15690.

27. Chastre J. (2003). Infections due to *Acinetobacter baumannii* in the ICU. Semin Respir Crit Care Med 24(1): 69-78.

28. Choi C. H., Hyun S. H., Lee J. Y., Lee J. S., Lee Y. S., Kim S. A., Chae J. P., Yoo S. M., Lee J. C. (2008). *Acinetobacter baumannii* outer membrane protein A targets the nucleus and induces cytotoxicity. Cell Microbiol 10(2): 309-319.

29. Collier S. and Davenport A. (2014). Reducing the risk of infection in end-stage kidney failure patients treated by dialysis. Nephrol Dial Transplant. 10:1093.

30. Cunha B. A., Schoch P. E., Hage J. R. (2011). Nitrofurantoin: preferred empiric therapy for community-acquired lower urinary tract infections. Mayo Clin Proc 86(12): 1243-1244; author reply 1244.

31. Daef E. A., Mohamad I. S., Ahmad A. S., El-Gendy S. G., Ahmed E H., Sayed I M. (2013). Relationship between Clinical and Environmental Isolates of *Acinetobacter baumannii* in Assiut University Hospitals. Journal of American Science. 9:(11): 67-73.

32. Daka D., Silassie S. G., Yihdego D. (2012). Antibiotic-resistance Abd El-Hamid *Staphylococcus aureus* isolated from cow's milk in the Hawassa area South Ethiopia. Annals of Clinical Microbiology and Antimicrobials, 11-26.

33. Dang V., Nanda N., Cooper T. W., Greenfield R. A., Bronze M. S. (2007). Part VII. Macrolides, azalides, ketolides, lincosamides, and streptogramins. J Okla State Med Assoc 100(3): 75-81.

34. D'Arezzo, S., Principe L., Capone A., Petrosillo N., Petrucca A., Visca P. (2011). Changing carbapenemase gene pattern in an epidemic multidrug-resistant *Acinetobacter baumannii* lineage causing multiple outbreaks in central Italy. J Antimicrob Chemother 66(1): 54-61.

35. Day K. M., Pike R., Winstanley T.G., Lanyon C., Cummings S. P., Raza M. W., Woodford N., Perry J. D. (2013). Use of faropenem as an indicator of carbapenemase activity in the Enterobacteriaceae. J Clin Microbiol 51(6): 1881-1886.

36. Delanaye P., Mariat C., Cavalier E., Maillard N., Krzesinski J. M., White C. A. (2011). Trimethoprim, Creatinine and Creatinine-Based Equations. Nephron Clin Pract. 119:187–194.

37. DeLeo F. R., Diep B. A., Otto M. (2009). Host defense and pathogenesis in *Staphylococcus aureus* infections. Infect Dis Clin North Am 23(1): 17-34.

38. Demon D., Ludwig C., Breyne K., Guédé D., Dörner JC., Froyman R., Meyer E.(2012). The intramammary efficacy of first generation cephalosporins against *Staphylococcus aureus* mastitis in mice. Vet Microbiol 160(1-2): 141-150.

39. Deng M., Zhu M. H., Li J. J., Bi S., Sheng Z. K., Hu F. S., Zhang J. J., Chen W., Xue X. W., Sheng J. F., Lia L. J. (2014). Molecular epidemiology and mechanisms of tigecycline resistance in clinical isolates of *Acinetobacter baumannii* from a Chinese university hospital. Antimicrob Agents Chemother 58(1): 297-303.

40. Doi Y., Onuoha E. O., Adams-Haduch J. M., Pakstis D. L., McGaha T. L., Werner C. A., Parker B. N., Brooks M. M., Shutt K. A., Pasculle A. W., Muto C. A., Harrison L. H. (2011). Screening for *Acinetobacter baumannii* colonization by use of sponges. J Clin Microbiol 49(1): 154-158.

41. Dubois, D., Leyssene D., Chacornac J. P., Kostrzewa M., Schmit P. O., Talon R., Bonnet R., Delmas J. (2010). Identification of a variety of *Staphylococcus* species by matrix-assisted laser desorption ionization-time of flight mass spectrometry. J Clin Microbiol 48(3): 941-945.

42. Dudhagara P. R., Ghelani A. D., Patel R. K . (2011). Phenotypic Characterization and Antibiotics Combination Approach to Control the Methicillin-resistant *Staphylococcus aureus*(MRSA) Strains Isolated from the Hospital Derived Fomites. Asian Journal of Medical Sciences 2(2): 72-78 .

43. Dukic V. M., Lauderdale D. S., Wilder J., Daum R. S., David M. Z. (2013). Epidemics of community-associated methicillin-resistant *Staphylococcus aureus* in the United States: a meta-analysis."PLoS One 8(1): e52722.

44. Dunkle J. A., Xiong L., Mankin A. S., Cate J. H. (2010). Structures of the Escherichia coli ribosome with antibiotics bound near the peptidyl transferase center explain spectra of drug action. Proc Natl Acad Sci U S A 107(40): 17152-17157.

45. Duran N., Ozer B., Duran G. G., Onlen Y., Demir C. (2012). Antibiotic resistance genes & susceptibility patterns in staphylococci. Indian J Med Res 135: 389-396.

46. Ebrahimi A., Ghasemi M., Ghasemi B. (2014). Some Virulence Factors of Staphylococci Isolated From Wound and Skin Infections in Shahrekord, IR Iran. Jundishapur J Microbiol 7(4): e 9225.

47. Enany S., Yaoita E., Yoshida Y., Enany M., Yamamoto T. (2010). Molecular characterization of Panton-Valentine leukocidin-positive community-acquired methicillin-resistant *Staphylococcus aureus* isolates in Egypt. Microbiol Res 165(2): 152-162.

48. Evans S. E., Goult B. T., Fairall L., Jamieson A. G., Ko Ferrigno P., Ford R., Schwabe J. W., Wagner S. D. (2014). The ansamycin antibiotic, , rifamycin SV, inhibits BCL6 transcriptional repression and forms a complex with the BCL6-BTB/POZ domain. PLoS One. 2014 Mar 4;9(3):e90889.

49. Eveillard M., Kempf M., Belmonte O., Pailhorie` s H., Joly-Guillou M. L. (2013). Reservoirs of *Acinetobacter baumannii* outside the hospital and potential involvement in emerging human community-acquired infections. Int J Infect Dis 17(10): e802-805.

50. Feizabadi M. M., Fathollahzadeh B., Taherikalani M., Rasoolinejad M., Sadeghifard N., Aligholi M., Soroush S., Mohammadi-Yegane S. (2008). Antimicrobial susceptibility patterns and distribution of blaOXA genes among *Acinetobacter* spp. Isolated from patients at Tehran hospitals. Jpn J Infect Dis 61(4): 274-278.

51. Figueiredo A. M and Ferreira F. A. (2014). The multifaceted resources and microevolution of the successful human and animal pathogen methicillin-resistant *Staphylococcus aureus*. Mem Inst Oswaldo Cruz . 109(3):265-578.

52. Fleming A. (2001). On the antibacterial action of cultures of a penicillium, with special reference to their use in the isolation of B. influenzae. 1929. Bull World Health Organ 79(8): 780-790.

53. Fonseca E. L., Scheidegger E., Freitas F. S., Cipriano R., Vicente A. C. (2013). Carbapenem-resistant *Acinetobacter baumannii* from Brazil: role of carO alleles expression and blaOXA-23 gene. BMC Microbiol 13: 245.

54. Fouad M., Attia A. S., Tawakkol W. M., Hashem A. M. (2013). Emergence of carbapenem-resistant *Acinetobacter baumannii* harboring the OXA-23 carbapenemase in intensive care units of Egyptian hospitals. Int J Infect Dis 17(12): e1252-1254.

55. Gandhi J. A., Ekhar V. V., Asplund M. B., Abdulkareem A. F., Ahmadi M., Coelho C., Martinez L. R. (2014). Alcohol enhances *Acinetobacter baumannii*-associated pneumonia and systemic dissemination by impairing neutrophil antimicrobial activity in a murine model of infection. PLoS One 9(4): e95707.

56. Geha D. J., Uhl J. R., Gustaferro C. A., Persingl D. H. (1994). Multiplex PCR for identification of methicillin-resistant *staphylococci* in the clinical laboratory. J Clin Microbiol 32(7): 1768-1772.

57. Ghebremedhin, B., Layer F., Ko"nig W., Ko"nig B. (2008). Genetic classification and distinguishing of *Staphylococcus* species based on different partial gap, 16S rRNA, hsp60, rpoB, sodA, and tuf gene sequences. J Clin Microbiol 46(3): 1019-1025.

58. Golic A., Vaneechoutte M., Nemec A., Viale A. M., Actis L. A., Mussi M. A. (2013). Staring at the cold sun: blue light regulation is distributed within the genus *Acinetobacter*. PLoS One 8(1): e55059.

59. Gotz F., Bannerman T., Schleifer K. H. (2006). The Genera *Staphylococcus* and *Macrococcus*. Chapter 1.2.1. Prokaryotes,4:5–75

60. Griffin M. O., Fricovsky E., Ceballos G., Villarreal F. (2010). Tetracyclines: a pleitropic family of compounds with promising therapeutic properties. Review of the literature. Am J Physiol Cell Physiol 299(3): C539-548.

61. Guleria, V. S., N. Sharma. (2013). "Ceftriaxone-induced hemolysis." Indian J Pharmacol 45(5): 530-531.

62. Haghighat S., Siadat S. D., Sorkhabadi S. M., Sepahi A. A., Mahdavi M. (2013). Cloning, Expression and Purification of Penicillin Binding Protein2a (PBP2a) from Methicillin Resistant *Staphylococcus aureus*: A Study on Immunoreactivity in Balb/C Mouse. Avicenna J Med Biotechnol 5(4): 204-211.

63. Hameed T. K., and Robinson J. L. (2002). Review of the use of cephalosporins in children with anaphylactic reactions from penicillins. Can J Infect Dis 13(4): 253-258.

64. Hansen C. R., Pressler T., Hoiby N., Johansen H. K. (2009). Long-term, low-dose azithromycin treatment reduces the incidence but increases macrolide resistance in *Staphylococcus aureus* in Danish CF patients. J Cyst Fibros 8(1): 58-62.

65. Harrison E. M., Weinert L. A., Holden M. T., Welch J. J.,Wilson K., Morgan F. J., Harris S. R., Loeffler A., Boag A. K., Peacock S. J.,Paterson G. K., Waller A. S., Parkhill J., Holmes M. A. (2014). A Shared Population of Epidemic Methicillin-Resistant *Staphylococcus aureus* 15 Circulates in Humans and Companion Animals. MBio 5(3) :e00985-13.

66. Haruki H., Pedersen M. G., Gorska K. I., Pojer F., Johnsson K. (2013). Tetrahydrobiopterin biosynthesis as an off-target of sulfa drugs. Science 340(6135): 987-991.

67. Hashem R. A., Yassin A. S., Zedan H. H., Amin M .A. (2013). Fluoroquinolone resistant mechanisms in methicillin-resistant *Staphylococcus aureus* clinical isolates in Cairo, Egypt. J Infect Dev Ctries 7(11): 796-803.

68. Hilleman T. (2009). environmential biology. Library of Congress Cataloging-in-Publication Data. Edition(1): ISBN 978-1-57808-576-7.

69. Hruska K. and Franek M. (2012). Sulfonamides in the environment: a review and a case report. Veterinarni Medicina. 57:(1): 1–35.
70. Irianti S. (2013). Etymologia: *Acinetobacter*. Emerg Infect Dis 19(5):1
71. Islam M. A., Alam M. M., Choudhury M. E., Kobayashi N. M., Ahmed U. (2008). Determination of minimum inhibitory concentration(MIC) of cloxacillin for selected isolates of methicillin-resistant *Staphylococcuc aureus*(MRSA) with their antibiogram. Bangl. J. Vet. Med, 6 (1): 121–126.
72. Isnard C., Malbruny B., Leclercq R., Cattoir V. (2013). Genetic basis for in vitro and in vivo resistance to lincosamides, streptogramins A, and pleuromutilins (LSAP phenotype) in *Enterococcus faecium*. Antimicrob Agents Chemother 57(9): 4463-4469.
73. Jassem A. N., Zlosnik J. E., Henry D. A., Hancock R. E., Ernst R K., Speert D. P. (2011). In vitro susceptibility of *Burkholderia vietnamiensis* to aminoglycosides. Antimicrob Agents Chemother 55(5): 2256-2264.
74. Javaux E. J., Marshall C. P., Bekker A. (2010). Organic-walled microfossils in 3.2-billion-year-old shallow-marine siliciclastic deposits. Nature 463(7283): 934-938.
75. Jin J. S., Kwon S. O., Moon D. C., Gurung M., Lee J. H., Kim S. I., Lee J. C. (2011). *Acinetobacter baumannii* secretes cytotoxic outer membrane protein A via outer membrane vesicles. PLoS One 6(2): e17027.
76. Joshi S., Ray P., Manchanda V., Bajaj J., Gautam V., Goswami P., Gupta V., Harish B. N., Kagal A., Kapil A., Rao R., Rodrigues C., Sardana R., Devi K.S.,Sharma A. (2013). Methicillin resistant *Staphylococcus aureus* (MRSA) in India: prevalence & susceptibility pattern. Indian J Med Res, 137(2): p. 363-9.
77. Jung H. and Lee N. Y. (2010). Evaluation of MicroScan Synergies plus Positive Combo 3 Panels for identification and antimicrobial susceptibility testing of *Staphylococcus aureus* and Enterococcus species. Korean J Lab Med 30(4): 373-380.
78. Jurenaite M., Markuckas A., Suziedeliene E. (2013). Identification and characterization of type II toxin-antitoxin systems in the opportunistic pathogen *Acinetobacter baumannii*. J Bacteriol 195(14): 3165-3172.
79. Kalorey D. R., Shanmugam Y., Kurkure N. V., Chousalkar K. K., Barbuddhe S. B. (2007). PCR-based detection of genes encoding virulence determinants in *Staphylococcus aureus* from bovine subclinical mastitis cases. J Vet Sci 8(2): 151-154.
80. Kamalbeik S., Talaie H., Mahdavinejad A., Karimi A., Salimi A. (2014). Multidrug-resistant *Acinetobacter baumannii* infection in intensive care unit patients in a hospital with building construction: is there an association?. Korean J Anesthesiol 66(4): 295-299.
81. Kaneda S. (1997). Isolation and characterization of autolysin-defective mutants of *Staphylococcus aureus* that form cell packets. Curr Microbiol 34(6): 354-359.

82. Kateete D. P., Kimani C. N., Katabazi F. A., Okeng A., Okee M. S., Nanteza A., Joloba M. L., Najjuka F. C. (2010). Identification of *Staphylococcus aureus*: DNase and Mannitol salt agar improve the efficiency of the tube coagulase test. Ann Clin Microbiol Antimicrob 9: 23.

83. Kempf M., Eveillard M., Deshayes C., Ghamrawi S., Lefrançois C., Georgeault S., Bastiat G., Seifert H., Joly-Guillou M. L. (2012). Cell surface properties of two differently virulent strains of *Acinetobacter baumannii* isolated from a patient. Can J Microbiol 58(3): 311-317.

84. Kenyon J. J and Hall R. M. (2013). Variation in the complex carbohydrate biosynthesis loci of *Acinetobacter baumannii* genomes." PLoS One 8(4): e62160.

85. Keskin H., Tekeli A., Dolapc İ., Öcal D. (2014). Molecular characterization of beta-lactamase-associated resistance in *Acinetobacter baumannii* strains isolated from clinical samples. Mikrobiyol Bul 48(3): 365-376.

86. Khodaverdian V., Pesho M., Truitt B, Bollinger L., Patel P., Nithianantham S., Yu G., Delaney E., Jankowsky E., Shoham M. (2013). Discovery of antivirulence agents against methicillin-resistant *Staphylococcus aureus*. Antimicrob Agents Chemother 57(8): 3645-3652.

87. Khoshvaght H., Haghi F., Zeighami H. (2014). Extended spectrum betalactamase producing Enteroaggregative Escherichia coli from young children in Iran. Gastroenterol Hepatol Bed Bench 7(2): 131-136.

88. Kim A., Kim J. E., Paek Y. M., Hong K. S., Cho Y. J., Cho J. Y., Park H. K., Koo H. K., Song P. (2013). Cefepime- Induced Non-Convulsive Status Epilepticus (NCSE). J Epilepsy Res 3(1): 39-41.

89. Kim U. J., Kim H. K., An J. H., Cho S. K., Park K. H., Jang H. C (2014). Update on the Epidemiology, Treatment, and Outcomes of Carbapenem-resistant *Acinetobacter* infections. Chonnam Med J 50(2): 37-44.

90. Koczura, R., Przyszlakowska B., Mokracka J., Kaznowski A. (2014). Class 1 Integrons and Antibiotic Resistance of Clinical *Acinetobacter calcoaceticus-baumannii* Complex in Poznan, Poland. Curr Microbiol 69(3): 258-262.

91. Koeleman, J. G., Stoof J., Van Der Bijl M. W.,Vandenbroucke-Grauls C. M., Savelkoul P. H. (2001). Identification of epidemic strains of *Acinetobacter baumannii* by integrase gene PCR. J Clin Microbiol 39(1): 8-13.

92. Kwon S. H., Ahn H. L., Han O. Y., La H. O. (2014). Efficacy and safety profile comparison of colistin and tigecycline on the extensively drug resistant *Acinetobacter baumannii*. Biol Pharm Bull 37(3): 340-346.

93. Kwun M. J., Novotna G., Hesketh A. R., Hill L., Hong H. J. (2013). In vivo studies suggest that induction of VanS-dependent vancomycin resistance requires binding of the drug to D-Ala-D-Ala termini in the peptidoglycan cell wall. Antimicrob Agents Chemother 57(9): 4470-4480.

94. Lan L., Cheng A., Dunman P. M., Missiakas D., He C. (2010). Golden pigment production and virulence gene expression are affected by metabolisms in *Staphylococcus aureus*. J Bacteriol 192(12): 3068-3077.

95. Larkin E. A., Krakauer T., Ulrich R. G., Stiles B. G. (2010). Staphylococcal and Streptococcal Superantigens: Basic Biology of Conserved Protein Toxins. The Open Toxinology Journal (3) :69-81.

96. Lavery L. A., Fontaine J. L., Bhavan K., Kim P. J., Williams J. R., Hunt N. A. (2014). Risk factors for methicillin-resistant *Staphylococcus aureus* in diabetic foot infections. Diabet Foot Ankle 5.

97. Ledermann D. W. (2007). *Acinetobacter lwoffii* and *anitratus*. Rev Chilena Infectol 24(1): 76-80.

98. Lee G. M., Huang S. S., Rifas-Shiman S. L., Hinrichsen V. L., Pelton S. I., Kleinman K., Hanage W. P., Lipsitch M., McAdam A. J., Finkelstein J. A. (2009). Epidemiology and risk factors for *Staphylococcus aureus* colonization in children in the post-PCV7 era. BMC Infect Dis 9: 110.

99. Lee K., Yong D., Jeong S. H., Chong Y. (2011). Multidrug-resistant *Acinetobacter* spp.: increasingly problematic nosocomial pathogens. Yonsei Med J 52(6): 879-891.

100. Leonard S. N., Supple M. E., Gandhi R. G., Patela M. D. (2013). Comparative activities of telavancin combined with nafcillin, imipenem, and gentamicin against *Staphylococcus aureus*. Antimicrob Agents Chemother 57(6): 2678-2683.

101. Lin. Y. C., Hsia K. C., Chen Y. C., Sheng W. H., Chang S. C., Liao M. H., Li S. Y. (2010). Genetic basis of multidrug resistance in *Acinetobacter* clinical isolates in Taiwan." Antimicrob Agents Chemother 54(5): 2078-2084.

102. Freeman-Cook L. and Freeman-Cook K. (2010). *Staphylococcus aureus* infection. Library of Congress Cataloging-in-Publication Data, Edition:(1). Series: RC116.S8F74 2005. 616.9'297-dc22.

103. Liu W. L., Liang H. W., Lee M. F., Lin H. L., Lin Y. H., Chen C. C., Chang P. C., Lai C. C., Chuang Y. C., Tang H. J. (2014). The Impact of Inadequate Terminal Disinfection on an Outbreak of Imipenem-Resistant *Acinetobacter baumannii* in an Intensive Care Unit. PLoS One 9(9): e107975.

104. Long K. S. and Vester B. (2012). Resistance to linezolid caused by modifications at its binding site on the ribosome. Antimicrob Agents Chemother 56(2): 603-612.

105. Lu X., Samuelson D. R., Xu Y., Zhang H., Wang S., Rasco B. A., Xu J., Konkel M. E. (2013). Detecting and tracking nosocomial methicillin-resistant *Staphylococcus aureus* using a microfluidic SERS biosensor. Anal Chem 85(4): 2320-2327.

106. McConnell M. J., Actis L., Pachón J. (2013). *Acinetobacter baumannii*: human infections, factors contributing to pathogenesis and animal models. FEMS Microbiol Rev 37(2): 130-155.

107. McCracken M., DeCorby M., Fuller J., Loo V., Hoban D. J., Zhane G. G., Mulvey M. R. (2009). Identification of multidrug- and carbapenem-resistant *Acinetobacter baumannii* in Canada: results from CANWARD 2007. J Antimicrob Chemother 64(3): 552-555.

108. Mirsaeidi M. and Schraufnagel D. (2014). Rifampin induced angioedema: a rare but serious side effect. Braz J Infect Dis 18(1): 102-103.

109. Montgomery C. P., Daniels M. D., Zhao F., Spellberg B., Chong A. S., Daum R. S. (2013). Local inflammation exacerbates the severity of *Staphylococcus aureus* skin infection. PLoS One 8(7): e69508.

110. Moriel D. G., Beatson S. A., Wurpel D J., Lipman J., Nimmo G R., Paterson D. L., Schembri M. A. (2013). Identification of novel vaccine candidates against multidrug-resistant *Acinetobacter baumannii*. PLoS One 8(10): e77631.

111. Mullerpattan J. B., Dagaonkar R. S., Shah H. D., Udwadia Z. F. (2013). Fatal nitrofurantoin lung. J Assoc Physicians India 61(10): 758-760.

112. Murray D. R., and Schaller M. (2010). Historical Prevalence of Infectious Diseases Within 230 Geopolitical Regions: A Tool for Investigating Origins of Culture. Journal of Cross-Cultural Psychology

113. Narayani M. and VidyaShetty K. (2012). Characteristics of a novel *Acinetobacter* sp. and its kinetics in hexavalent chromium bioreduction. J Microbiol Biotechnol 22(5): 690-698.

114. Nemec A., Krizova L., Maixnerova M., van der Reijden T. J., Deschaght P., Passet V., Vaneechoutte M., Brisse S., Dijkshoorn L. (2011). Genotypic and phenotypic characterization of the *Acinetobacter calcoaceticus-Acinetobacter baumannii* complex with the proposal of *Acinetobacter pittii* sp. nov. (formerly *Acinetobacter* genomic species 3) and *Acinetobacter nosocomialis* sp. nov. (formerly *Acinetobacter* genomic species 13TU). Res Microbiol 162(4): 393-404.

115. Orsucci D., Mancuso M., Filosto M., Siciliano G. (2012). Tetracyclines and neuromuscular disorders. Curr Neuropharmacol 10(2): 134-138.

116. Papp-Wallace K. M., Senkfor B., Gatta J., Chai W., Taracila M A., Shanmugasundaram V., Han S., Zaniewski R P., Lacey B M., Tomaras A P., Skalweit M J., Harris M E.,Rice L B., Buynak J D., Bonomo R A. (2012). Early insights into the interactions of different beta-lactam antibiotics and beta-lactamase inhibitors against soluble forms of *Acinetobacter baumannii* PBP1a and *Acinetobacter* sp. PBP3. Antimicrob Agents Chemother 56(11): 5687-5692.

117. Park S. Y., Choo J. W., Kwon S. H., Yu S. N., Lee E. J., Kim T. H., Choo E. J., Jeon M. H. (2013). Risk Factors for Mortality in Patients with *Acinetobacter baumannii* Bacteremia. Infect Chemother 45(3): 325-330.

118. Peleg A. Y., Seifert H., Paterson D. L. (2008). *Acinetobacter baumannii*: emergence of a successful pathogen. Clin Microbiol Rev 21(3): 538-582.

119. Pelisser M. R., Klein C. S., Ascoli K. R., Zotti T. R., Arisi A. C. (2009). Ocurrence of *Staphylococcus aureus* and multiplex pcr detection of classic enterotoxin genes in cheese and meat products. Braz J Microbiol 40(1): 145-148.

120. Pilehvar S., Dardenne F., Blust R., De Wael. (2012). Electrochemical Sensing of Phenicol Antibiotics at Gold. Int. J. Electrochem. Sci. 7: 5000 – 5011.

121. Pommerville J.C. (2011). Alcamos laboratory fundamentals of microbiology. 9 edetion, Jones and Bartett Learning, p: (1032), ESBN: 078-0-7637-6259-9.

122. Powers M. E. and Bubeck W. J. (2014). Igniting the fire: *Staphylococcus aureus* virulence factors in the pathogenesis of sepsis. PLoS Pathog 10(2): e1003871.

123. Price J. R., Golubchik T., Cole K., Wilson D. J., Crook D. W., Thwaites G E., Bowden R., Walker A. S., Peto T. E., Paul J., Llewelyn M. J. (2014). Whole-genome sequencing shows that patient-to-patient transmission rarely accounts for acquisition of *Staphylococcus aureus* in an intensive care unit. Clin Infect Dis 58(5): 609-618.

124. Pu W., Su Y., Li J., Li C., Yang Z., Deng H., Ni C. (2014). High incidence of oxacillin-susceptible mecA-positive *Staphylococcus aureus* (OS-MRSA) associated with bovine mastitis in China. PLoS One 9(2): e88134.

125. Pyorala S., Baptiste K. E., Pyörälä S., Baptiste K. E., Catry B., van Duijkeren E., Greko C., Moreno M. A., Pomba M. C., Rantala M., Ružauskas M., Sanders P., Threlfall EJ., Torren-Edo J., Törneke K. (2014). Macrolides and lincosamides in cattle and pigs: use and development of antimicrobial resistance. Vet J 200(2): 230-239.

126. Reguero M. T., Medinaa O. E., Hernándeza M. A., Flóreza D. V., Valenzuelaa E. M., Mantillaa J. R. (2013). Antibiotic resistance patterns of *Acinetobacter calcoaceticus-A. baumannii* complex species from Colombian hospitals. Enferm Infecc Microbiol Clin 31(3): 142-146.

127. Revathi G., Siu L K., PL L ., Huang L.Y. (2013). First report of NDM-1-producing *Acinetobacter baumannii* in East Africa. Int J Infect Dis 17(12): e1255-1258.

128. Rezaee M. A., Pajand O., Nahaei M. R., Mahdian R., Aghazadeh M., Ghojazadeh M., Hojabri Z. (2013). Prevalence of Ambler class A beta-

lactamases and ampC expression in cephalosporin-resistant isolates of *Acinetobacter baumannii*. Diagn Microbiol Infect Dis 76(3): 330-334.

129. Roberts M. C. (2003). Tetracycline therapy: update. Clin Infect Dis 36(4): 462-467.

130. Roberts M. C. (2008). Update on macrolide-lincosamide-streptogramin, ketolide, and oxazolidinone resistance genes. FEMS Microbiol Lett 282(2): 147-159.

131. Rohinishree S. Y and Negi P. S. (2011). Detection, Identification and Characterization of *Staphylococci* in Street Vend Foods. *Food and Nutrition Sciences*, 2011, 2, 304-313.

132. Russo T. A., MacDonald U., Beanan J. M., Olson R., MacDonald I. J., Sauberan S. L., Luke N. R., Schultz L.W., Umland T. C. (2009). Penicillin-binding protein 7/8 contributes to the survival of *Acinetobacter baumannii* in vitro and in vivo. J Infect Dis 199(4): 513-521.

133. Safari M., Saidijam M., Bahador A., Jafari R., Alikhani M. Y. (2013). High Prevalence of Multidrug Resistance and Metallo-beta-lactamase (MbetaL) producing *Acinetobacter Baumannii* Isolated from Patients in ICU Wards, Hamadan, Iran. J Res Health Sci 13(2): 162-167.

134. Salles M. J., Zurita J., Mejía C., Villegas M. V. (2013). Resistant gram-negative infections in the outpatient setting in Latin America. Epidemiol Infect 141(12): 2459-2472

135. Santiso R., Tamayo M., Gosálvez J., Bou G., Fernández Mdel C., Fernández J. L. (2011). A rapid in situ procedure for determination of bacterial susceptibility or resistance to antibiotics that inhibit peptidoglycan biosynthesis. BMC Microbiol 11: 191.

136. Saravanan M., Nanda Anima., Tesfaye Tewelde. (2014). Antibiotic Susceptibility Pattern of Methicillin Resistant *Staphylococcus aureus* from Septicemia Suspected Children in Tertiary Hospital in Hosur, South India. American Journal of Microbiological Research. 1 (2): 21-24.

137. Sato T., Tateda K., Kimura S., Iwata M., Ishii Y., Yamaguchi K. (2011). In vitro antibacterial activity of modithromycin, a novel 6,11-bridged bicyclolide, against respiratory pathogens, including macrolide-resistant Gram-positive cocci. Antimicrob Agents Chemother 55(4): 1588-1593.

138. Seputiene V., Povilonis J., Armalyte J., Suziedelis K., Pavilonis A., Suziedeliene E. (2010). Tigecycline - how powerful is it in the fight against antibiotic-resistant bacteria? Medicina (Kaunas) 46(4): 240-248.

139. Sevillano E., Fernandez E., Bustamante Z., Zabalaga S., Rosales I., Umaran A., Gallego L. (2012). Emergence and clonal dissemination of carbapenem-hydrolysing OXA-58-producing *Acinetobacter baumannii* isolates in Bolivia. J Med Microbiol 61(Pt 1): 80-84.

140. Shali A. K. (2012). Identification of Multidrug-Resistant Genes in *Acinetobacter baumannii* in Sulaimani City-Kurdistan Regional Government of Iraq. Asian Journal of Medical Sciences, 4(5): 179-183.

141. Sharif M. R., Alizargar J., Sharif A. (2013). Antibiotic Susceptibility of *Staphylococcus aureus* in Isolates of the Patients with Osteomyelitis. World Journal of Medical Sciences 9 (3): 180-183, 2013.

142. Sharma Y., Jain S., Singh H., Govil V. (2014). "*Staphylococcus aureus*: Screening for Nasal Carriers in a Community Setting with Special Reference to MRSA. Scientifica (Cairo) 2014: 479048.

143. Sheraba N. S., Yassin A. S., Amin M. A. (2010). High-throughput molecular identification of *Staphylococcus* spp. isolated from a clean room facility in an environmental monitoring program. . BMC Research Notes. 3:278

144. Sobhy N., Aly F., Abd El-kader O., Ghazal A., Elbaradei A. (2012). Community-acquired methicillin-resistant *Staphylococcus aureus* from skin and soft tissue infections (in a sample of Egyptian population): analysis of mec gene and staphylococcal cassette chromosome. Braz J Infect Dis16(5): 426-431.

145. Takahashi H., Hayakawa I., Akimoto T. (2003). The history of the development and changes of quinolone antibacterial agents. Yakushigaku Zasshi 38(2): 161-179.

146. Taponen S., Supre K., Piessens V., Coillie E. V., Vliegher S. D., Koort J. M. (2012). *Staphylococcus* agnetis sp. nov., a coagulase-variable species from bovine subclinical and mild clinical mastitis. Int J Syst Evol Microbiol 62(Pt 1): 61-65.

147. Tarai B., Das P., Kumar D. (2013). Recurrent Challenges for Clinicians: Emergence of Methicillin-Resistant , Vancomycin Resistance, and Current Treatment Options. J Lab Physicians 5(2): 71-78.

148. Tatlybaeva E. B., Nikiyan H. N., Vasilchenko A. S.,Deryabin D. G. (2013). Atomic force microscopy recognition of protein A on *Staphylococcus aureus* cell surfaces by labelling with IgG-Au conjugates."Beilstein J Nanotechnol 4: 743-749.

149. Thibodeau E., Doron S., Iacoviello V., Schimmel J., Snydman D. R., (2014). Carbapenem-resistant enterobacteriaceae: analyzing knowledge and practice in healthcare providers. PeerJ 2: e405.

150. Tjoa E., Moehario L. H., Rukmana A., Rohsiswatmo R. (2013). *Acinetobacter baumannii*: Role in Blood Stream Infection in Neonatal Unit, Dr. Cipto Mangunkusumo Hospital, Jakarta, Indonesia. Int J Microbiol 2013: 180763.

151. Torres A. (2012). Antibiotic treatment against methicillin-resistant *Staphylococcus aureus* hospital- and ventilator-acquired pneumonia: a step forward but the battle continues. Clin Infect Dis54(5): 630-632.

152. Triboulet S., Dubee V., Lecoq L., Bougault C., Mainardi J. L., Rice L B., Ethève-Quelquejeu M., Gutmann L., Marie A., Dubost L., Hugonnet J. E., Simorre J. P., Arthur M. (2013). Kinetic features of L,D-transpeptidase inactivation critical for beta-lactam antibacterial activity. PLoS One 8(7): e67831.

153. Tsai A., Uemura S., Johansson M., Puglisi E. V., Marshall R. A., Aitken C. E., Korlach J., Ehrenberg M., Puglisi J. D. (2013). The impact of aminoglycosides on the dynamics of translation elongation. Cell Rep 3(2): 497-508.

154. Turner R. D., Hurd A. F., Cadby A., Hobbs J. K., Foster S. J. (2013). Cell wall elongation mode in Gram-negative bacteria is determined by peptidoglycan architecture. Nat Commun 4: 1496.

155. Vanbroekhoven K., Ryngaert A., Wattiau P., De Mot R.,Springael D. (2004). *Acinetobacter* diversity in environmental samples assessed by 16S rRNA gene PCR-DGGE fingerprinting. FEMS Microbiol Ecol 50(1): 37-50.

156. Vickers A. A., Potter N. J., Fishwick C. W., Chopra I., O'Neill A. J. (2009). Analysis of mutational resistance to trimethoprim in *Staphylococcus aureus* by genetic and structural modelling techniques. J Antimicrob Chemother 63(6): 1112-1117.

157. Vilhelmsson O. (2000). Specific eolute effects and osmoadaptation in *Staphylococcus aureus*. Doctor of Philosophy, College of Agricultural Sciences The Pennsylvania State University.

158. Villar H. E., Jugo M. B., Macan A., Visser M., Hidalgo M., Maccallini G. C. (2014). Frequency and antibiotic susceptibility patterns of urinary pathogens in male outpatients in Argentina. J Infect Dev Ctries 8(6): 699-704.

159. Vos P., Garrity G., Jones D., Krieg N. R., Ludwig W., Rainey F. A., Schleifer K. H., Whitman W. (2009). Preface to Volume Three of the Second

Edition of Bergey's Manual ® of Systematic Bacteriology, The Firmicutes. XXVI, 1450, (11). P:390.

160. Votintseva A. A., Fung R., Miller R. R., Knox K., Godwin H., Wyllie D H., Bowden R., Crook D. W., Walker A. S. (2014). Prevalence of *Staphylococcus aureus* protein A (spa) mutants in the community and hospitals in Oxfordshire. BMC Microbiol 14: 63.

161. Wang S. Z., Hu J. T., Zhang C., Zhou W., Chen X. F., Jiang L.Y., Tang Z. H. (2014). The safety and efficacy of daptomycin versus other antibiotics for skin and soft-tissue infections: a meta-analysis of randomised controlled trials. BMJ Open 4(6): e004744.

162. Wattal C., Raveendran R., Goel N., Oberoi J. K., Rao B. K.(2014). Ecology of blood stream infection and antibiotic resistance in intensive care unit at a tertiary care hospital in North India. Braz J Infect Dis 18(3): 245-251.

163. Wertheim H., Van Nguyen K., Hara G. L., Gelband H., Laxminarayan R., Mouton J., Cars O. (2013). Global survey of polymyxin use: A call for international guidelines. J Glob Antimicrob Resist 1(3): 131-134.

164. Whitman T. J., Qasba S. S., Timpone J. G., Babel B. S., Kasper M R., English J. F., Sanders J. W., Hujer K. M., Hujer A. M., Endimiani A., Eshoo M. W., Bonomo R. A. (2008). Occupational transmission of *Acinetobacter baumannii* from a United States serviceman wounded in Iraq to a health care worker. Clin Infect Dis 47(4): 439-443.

165. Wilke M. S., Lovering A. L., Strynadka N. C. (2005). Beta-lactam antibiotic resistance: a current structural perspective. Curr Opin Microbiol 8(5): 525-533.

166. Yadegarynia D., Gachkar L., Fatemi A., Zali A., Nobari N., Asoodeh M., Parsaieyan Z. (2014). Changing pattern of infectious agents in postneurosurgical meningitis. Caspian J Intern Med 5(3): 170-175.

167. Yoon Y. K., Kim E. S., Hur J., Lee S., Kim S. W., Cheong J. W., Ju C. E., Kim H. B. (2014). Oral Antimicrobial Therapy: Efficacy and Safety for Methicillin-Resistant *Staphylococcus aureus* Infections and Its Impact on the Length of Hospital Stay. Infect Chemother 46(3): 172-181.

168. Yuan W., Hu Q., Cheng H., Shang W., Liu N., Hua Z., Zhu J., Hu Z., Yuan J., Zhang X., Li S., Chen Z., Hu X., Fu J., Rao X. (2013). Cell wall thickening is associated with adaptive resistance to amikacin in methicillin-resistant *Staphylococcus aureus* clinical isolates. J Antimicrob Chemother 68(5): 1089-1096.

169. Yugueros J., Temprano A., Sanchez M., Luengo J. M., Naharro G . (2001). Identification of *Staphylococcus* spp. by PCR-restriction fragment length polymorphism of gap gene. J Clin Microbiol 39(10): 3693-3695.

170. Zuo Q F., Cai C. Z., Ding H. L.,W. u Y., Yang L. Y., Feng Q.,Yang H. J., Wei Z. B., Zeng H., Zou Q. M. (2014). Identification of the Immunodominant Regions of *Staphylococcus aureus* Fibronectin-Binding Protein A. PLoS ONE 9(4): e95338.

Abstract

Grams negative and positive bacteria are the main pathogens in hospitals, and show increasing resistance to many antibiotic categories. This study was conducted to investigate the presence of *Staphylococcus aureus* and *Acinetobacter baumannii* in various clinical samples. 175 clinical samples were collected from four hospitals in Damascus city (Damascus, Obstetrics, Al-Mouwasat and children's hospitals) to investigate of *S. aureus*. Whereas 105 clinical samples were collected from children's hospital to investigate of *A. baumannii*. Samples cultured on general and selective media and specific biochemical tests were done. Molecular typing were done using Polymerase Chain Reaction (PCR), and amplification of specific genes. Antibiotic susceptibility against various groups of the antibiotics. Results showed that 90 isolates were positive on selective media and this isolates divided by 23 isolate from Al-Mujtahed hospital, 9 isolates from Obstetrics hospital, 33 isolate from Mouwasat hospital and 25 isolate from children's hospital. Isolates of *S. aureus* were Mannitol-fermentative, Catalase positive, Oxidase negative and Coagulase-test positive. Molecular results of *S. aureus* isolates showed that 16S rRNA region was specific for genus of *Staphylococcus* and take a length of (479 base pair), also the gene *gap* was specific for it and take a length of (933 bp) while, *nuc* gene was specific for species of *S. aureus* and take a length of (270 bp). Isolates of *S. aureus* showed medium to high resistance against many antibiotics such as Penicillin 100%, Chloramphenicol 97.8% and Tetracyclin 53.5% while they were sensitive toward some antibiotics such as Imipenem 94.5%, Rifampicin 85.5 and Vancomycin 81.1%. Results showed that isolates of *A. baumannii* were non-fermentative, Catalase positive, Oxidase negative, and grown at 44°C. Molecular results of *A. baumannii* isolates showed that the 16S rRNA region was specific for genus *Acinetobacter* and take a length of (280 bp) while, the $bla_{OXA-51-like}$ gene was specific for species of *A. baumannii*, and take a length of (350 bp). Isolates of *A. baumannii* were high resistant to most antibiotics and resistance percentages were 100% to Penicillin,Cefazolin and Chloramphenicol. However they showed low sensitivity to few antibiotics, such as Rifampicin 25% and Imipenem 26.7%. Accordingly, the use of molecular methods in bacteria classification are optimized standard while, traditional methods represent the first step in the ladder category. The high resistance bacteria against antibiotics in study represent a fact problem, you must remedied it by giving the appropriate antibiotic based on an accurate diagnosis and to avoid the use of broad-spectrum antibiotics.

Detection of *Staphylococcus aureus* and *Acinetobacter baumannii* in some medical samples by molecular techniques and studying their sensitivity to antibiotics

Rajeh Mohammad Hassan Ali